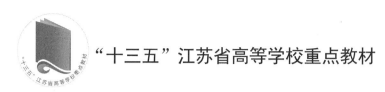

"十三五"江苏省高等学校重点教材

# Moldflow 模流分析与工程应用

沈洪雷　刘　峰　主　编

袁　毅　徐　伟　副主编

电子工业出版社

**Publishing House of Electronics Industry**

北京·BEIJING

## 内 容 简 介

本书结合塑料注射成型工艺过程、模具设计要点和模拟基础理论，以实际应用为主线介绍 Moldflow 软件的基本功能、操作技巧、分析流程及工程应用。全书共 10 章：第 1 章介绍常见注射成型工艺过程和 CAE 基础理论；第 2～7 章融合模具设计要点，按照 Moldflow 操作流程展开，依次包括软件操作界面、模型处理与导入、网格划分与处理、几何工具、浇注系统创建和温控系统创建；第 8 章按照 Moldflow 优化流程，依次介绍各分析序列的基本功能、分析结果判定、产品缺陷评估和分析报告制作；第 9 章针对工程实际问题，介绍应用 Moldflow 综合分析优化的实例和具体流程；第 10 章列举 Moldflow 分析中的常见问题及解决对策。请读者登录华信教育资源网（http://www.hxedu.com.cn）获取本书实例模型。

本书可作为高等学校高分子材料与工程、材料成型及控制工程、模具设计等专业 Moldflow 注射成型分析技术课程的教学用书，也可作为产品开发、模具设计和注射成型工艺技术人员学习 Moldflow 软件进行模流分析优化的参考用书。

**图书在版编目（CIP）数据**

Moldflow 模流分析与工程应用 / 沈洪雷，刘峰主编. —北京：电子工业出版社，2022.3

ISBN 978-7-121-42987-3

Ⅰ. ①M⋯ Ⅱ. ①沈⋯ ②刘⋯ Ⅲ. ①注塑—塑料模具—计算机辅助设计—应用软件 Ⅳ. ①TQ320.66-39

中国版本图书馆 CIP 数据核字（2022）第 033569 号

责任编辑：郭穗娟　　　文字编辑：韩玉宏
印　　刷：三河市华成印务有限公司
装　　订：三河市华成印务有限公司
出版发行：电子工业出版社
　　　　　北京市海淀区万寿路 173 信箱　　邮编　100036
开　　本：787×1 092　1/16　印张：17.5　　字数：448 千字
版　　次：2022 年 3 月第 1 版
印　　次：2022 年 3 月第 1 次印刷
定　　价：69.80 元

# 前　言

　　Moldflow 模流分析利用高分子流变学、传热学、数值计算方法和计算机图形学等基本理论，对塑料成型过程进行数值模拟，预测模具设计和成型条件对产品的影响，发现可能出现的缺陷，为判断产品、模具设计和成型条件是否合理提供科学依据。

　　随着模流分析 CAE 软件的推广，以及塑料、模具行业对成本的最低控制和对利润的最大追求，越来越多的企业认识到模流分析所带来的巨大效益，也越来越意识到模流分析对提升企业技术实力的作用。模流分析软件的操作本身并不难，但由于涉及流体力学、聚合物流变学、材料力学等学科，专业性极强，同时要求操作人员具备产品设计、模具设计和注塑工艺等相关知识，因此仅仅停留在软件操作层面是不够的，远远不能发挥出它的潜力和体现它的价值。

　　本书力求做到以下几点。

　　（1）注重专业知识的融合，反映真实产品、模具设计要求。

　　（2）体系和内容更加全面，符合企业实际应用流程。

　　（3）针对工程应用中产品出现的实际问题，给出运用 CAE 分析结果去评估的思路和解决策略。

　　（4）结合信息技术，分享更多资源，帮助读者深入理解和掌握。

　　本书由常州工学院沈洪雷、刘峰、徐伟，重庆工商大学袁毅及企业一线技术人员苗东青、梅青正等合作完成。

　　在本书编写过程中，得到了电子工业出版社的关心和帮助，谨表谢意；同时，也参考了相关文献资料，在此对这些文献的作者表示衷心的感谢！

　　受篇幅和作者水平所限，书中难免有不足之处，恳请读者和同行提出宝贵意见和建议。

编　者

2021 年 10 月

# 目　　录

# 第1章 »»»»»»
# 注射成型技术及CAE基础

通过本章的学习，了解普通注射成型工艺过程、模具工作原理及模拟基础理论，熟悉注射成型工艺参数对成型过程和塑件质量的影响，掌握注塑件常见缺陷及其改善方法。

## 教学内容 »

| 主 要 项 目 | 知 识 要 点 |
|---|---|
| 注射成型工艺过程 | 注射成型基本过程及其主要工艺参数（如温度、压力、时间）对成型的影响 |
| 注射模具结构与工作原理 | 典型注射模具基本结构和动作过程 |
| 注塑件常见缺陷及修正方法 | 注塑件常见缺陷及其产生原因和修正方法，为 CAE 分析提供理论依据 |
| 其他注射成型技术 | 双色、气体辅助及高光无痕注射成型原理及关键技术 |
| 注射成型 CAE 基础理论 | 注射成型 CAE 相关的理论基础、数值实现 |

## 引例 

普通注射成型是塑料成型的一种重要方法，几乎适用于所有的热塑性塑料和某些热固性塑料。注射成型的成型周期短（几秒到几分钟），成型制品质量可由几克到几十千克，能一次成型外形复杂、尺寸精确、带有金属或非金属嵌件的塑料产品。因此，该方法适应性强，生产效率高。

图 1-1 所示为一塑件外形及总体尺寸，塑件质量约为 28 克。质量要求：表面光滑、无瑕疵，无明显翘曲变形。材料选用：聚丙烯（PP），采用普通注射方法来成型。根据该塑件要求结合生产实际，试讨论该塑件注射模具结构方案。重点需要解决以下问题：分析塑件工艺性，选择分型面，确定其模腔数及布局，分析浇注系统及冷却系统的形式等。

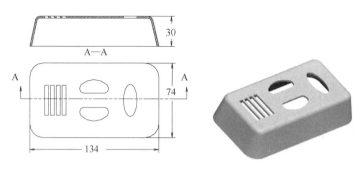

图 1-1　塑件示图

# 1.1　注射成型工艺过程

## 1.1.1　注射成型原理

如图 1-2 所示，注射成型是将颗粒状或粉状塑料从注塑机的料斗送进加热的料筒中，经过加热熔融塑化成为黏流态熔体，在注塑机螺杆或柱塞的高压推动下，以很高的流速通过喷嘴，注入模具型腔，经一定时间的保压冷却定型后可保持模具型腔所赋予的形状，然后开模分型获得成型塑件。

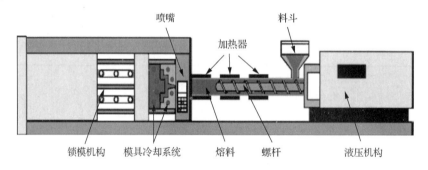

图 1-2　注塑机基本机构

完整的注射成型过程包括加料、加热塑化、加压注射、保压、冷却定型和脱模等工序，这里列举其中的四个主要部分进行简要介绍，如图 1-3 所示。

（1）注射充填：是指注塑机螺杆向前移动并推动塑料通过模具浇注系统进入模具腔体的过程。

（2）保压补缩：在充填结束后，以某一压力维持住螺杆直到浇口冷却凝固以弥补材料本身的可压缩性及冷却收缩的过程。

（3）冷却定型：从保压压力结束到塑件固化至足以顶出时所需的过程。

（4）开模取件：整个动作过程包括动模后移、模具打开、塑件顶出及取出、模具闭合等。

注射成型过程

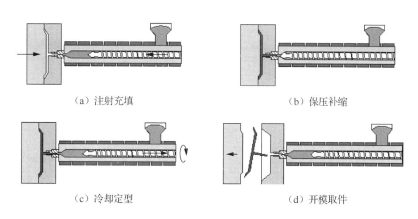

（a）注射充填　　　　　　　　　　　　　（b）保压补缩

（c）冷却定型　　　　　　　　　　　　　（d）开模取件

图 1-3　注射成型主要过程

## 1.1.2　注射成型工艺参数

正确的注射成型工艺参数可以保证塑料熔体良好塑化，顺利充模、冷却与定型，从而生产出合格的塑件。注射成型工艺参数主要包括温度、压力和时间，各参数的具体作用和选取依据参见表 1-1。

表 1-1　注射成型工艺参数作用及选取

| 工 艺 参 数 | | 作用或要求 | 选 取 依 据 | 备　注 |
|---|---|---|---|---|
| 温度 | 料筒温度 | 塑化物料使其保持熔融流动状态 | 物料的黏流温度、熔点，以及塑件的具体结构等 | 对充填或塑件性能指标影响参见图 1-4（a） |
| | 喷嘴温度 | 控制物料充填流速 | 通常略低于料筒最高温度 | 防止熔料产生流涎或早凝堵塞喷嘴 |
| | 模具温度 | 确保物料顺利充填和冷却，控制生产周期 | 物料的结晶性，塑件的尺寸与结构、性能要求，生成效率等 | 对充填或塑件性能指标影响参见图 1-4（b） |
| 压力 | 塑化压力 | 影响物料的塑化效果和塑化能力 | 物料的种类及组成、塑化质量、生产效率等 | 塑化压力大，物料、温度均匀，塑化效果好，效率低 |
| | 注射压力 | 克服熔体流动阻力，使熔料获得足够的充模速度及流动长度 | 物料种类、塑件具体结构等 | 对充填或塑件性能指标影响参见图 1-4（c） |
| | 保压压力 | ①维持浇口压力，防止物料倒流；②压实融体，增密物料，补偿收缩 | 塑件壁厚、密实度、外观要求等 | 对充填或塑件性能指标影响参见图 1-4（d） |
| | 锁模力 | 克服熔料在型腔内产生的胀模力 | 由型腔压力和塑件在合模轴线垂直面上的投影决定 | 设备校核主要参数之一 |
| 时间 | 主要包括：注射时间、保压时间、冷却时间、开模时间等。注射成型周期参见图 1-5 | | 为了提高效率，可以对所占比例高的时间段进行优化 | 各时间大致比例参见图 1-6 |

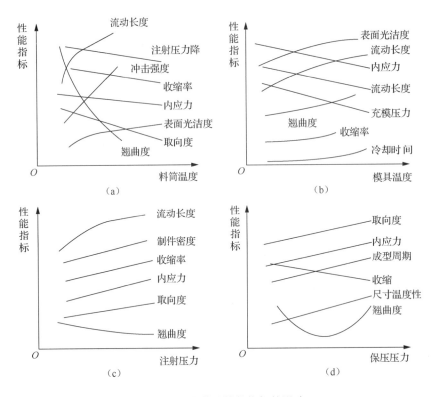

图 1-4 各参数对性能指标的影响

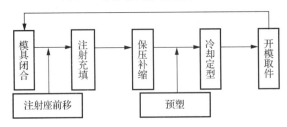

图 1-5 注射成型周期

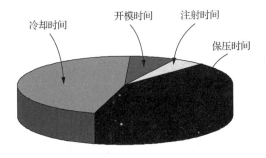

图 1-6 注射成型各时间大致比例示意图

# 1.2　注射模具结构与工作原理

## 1.2.1　注射模具结构

一般来说，注射模具的基本结构都是由动模和定模两大部分组成，如图 1-7 所示。动模部分安装在注塑机的移动模板上，在注射成型过程中它随注塑机上的合模系统完成开合运动；定模部分安装在注塑机的固定模板上。注射时动模部分与定模部分闭合构成浇注系统和型腔，以便于注射成型，开模时动模和定模分离，可以取出塑件。下面以如图 1-8 所示注射模具的典型结构为例，介绍其基本结构组成。

图 1-7　注射模具实例图片

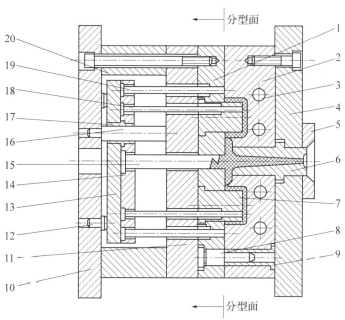

1—动模板；2—定模板；3—冷却水道；4—定模座板；5—定位圈；6—浇口套；7—型芯；
8—导柱；9—导套；10—动模座板；11—支承板；12—支承柱；13—推板；14—推杆固定板；
15—拉料杆；16—推板导柱；17—推板导套；18—推杆；19—复位杆；20—垫块。

图 1-8　注射模的典型结构

按照模具上各部分所起的作用，注射模具的总体结构组成见表 1-2。

表 1-2　注射模具的总体结构组成（以图 1-8 为例）

| 序号 | 功能结构 | 说　　明 | 零 件 构 成 |
|---|---|---|---|
| 1 | 浇注系统 | 浇注系统将来自注塑机喷嘴的塑料熔体均匀而平稳地输送到型腔，并将注射压力有效地传递到型腔的各个部位，使熔体顺利充满型腔并完成保压补缩，以获得合格塑件 | 浇口套 6、拉料杆 15、动模板上开设的分流道和浇口 |
| 2 | 成型零部件 | 与塑件直接接触，成型塑件内外表面的模具部分，它由型芯、型腔及嵌件、镶块等组成。型芯成型塑件的内表面形状，型腔成型塑件的外表面形状，合模后型芯和型腔便构成了模具模腔 | 定模板 2 和型芯 7 |
| 3 | 导向机构 | 为了保证动模、定模在合模时的准确定位，模具必须设计有导向机构，主要有导柱导套导向与内外锥面定位导向机构两种形式。推出机构通常也设置导柱导套导向机构 | 导柱 8、导套 9、推板导柱 16 和推板导套 17 |
| 4 | 推出机构 | 将成型后的塑件从模具中推出的装置 | 推板 13、推杆固定板 14、拉料杆 15、推板导柱 16、推板导套 17、推杆 18 和复位杆 19 |
| 5 | 侧向分型与抽芯机构 | 塑件的侧向如有凹凸形状或孔结构，就需要有侧向的型芯来成型，带动侧向型芯移动的机构称为侧向分型与抽芯机构 | 常见斜导柱侧抽机构包括斜导柱、滑块、导滑槽、锁紧及定位装置 |
| 6 | 温度调节系统 | 注射模具结构中一般都设有对模具进行冷却或加热的温度调节系统。模具的冷却方式是在模具上开设冷却水道，加热方式主要有在管路内通入热油或模具内部安装加热元件 | 冷却水道 3 |
| 7 | 排气系统 | 在注射成型过程中，为了将型腔内的气体排出模外，常常需要开设排气系统。排气系统通常是在分型面上有目的地开设几条排气沟槽，另外许多模具的推杆或活动型芯与模板之间的配合间隙可起排气作用。小型塑件的排气量不大，因此可直接利用分型面排气 | |
| 8 | 支承零部件 | 用来安装固定或支承成型零部件以及上述各部分机构的零部件均称为支承零部件。支承零部件组装在一起，构成注射模具的基本骨架 | 定模座板 4、动模座板 10、支承板 11 和垫块 20 |

## 1.2.2　注射模具工作原理

这里还是以如图 1-8 所示注射模具为例，结合成型过程介绍其工作原理。

（1）模具闭合：注射成型之前，合模系统带动动模部分朝着定模方向移动与其合模，两者的导向定位由导柱 8 和定模板 2 上的导套 9 来保证。动、定模对合后，形成与制件形状和尺寸一致的封闭模腔。

（2）注射成型：从注塑机喷嘴注射出的物料熔体经由浇口套 6 和分流道、浇口进入模腔，待熔体充满模腔并经过保压、补缩后，开始冷却定型。

（3）开模取件：冷却定型完成后，合模系统便带动动模后退与定模从分型面处分开，分开过程中，由于塑料的收缩会包裹在型芯 7 上，浇注系统凝料由拉料杆 15 拉离浇口套 6 而留于动模侧。当动模后退到一定位置时停止，注塑机顶杆开始动作，顶着推板 13 并带动推杆 18、拉料杆 15 等在推板导柱 16、推板导套 17 的导向作用下往前推出，将塑件和浇注系统凝料从动模侧顶出脱落，完成一次注射成型过程。

（4）合模：推出机构在复位杆 19 的作用下回复原位，继续下一次成型周期。

模具动作过程 1

模具动作过程 2

# 1.3　注塑件常见缺陷及修正方法

## 1.3.1　注塑件常见缺陷

由于塑料熔体属于假塑性流体，在注射成型过程中，影响其流动行为的因素很多，控制不当容易造成塑件缺陷。下面就列举部分注塑件常见的缺陷现象。

注塑件常见缺陷

### 1. 短射

短射也可以称为填充不足或欠注，是指料流末端出现部分不完整或一模多腔中一部分填充不满的现象，特别是薄壁区或流动路径的末端区域。其表现为熔体没有充满型腔就冷凝了，导致产品缺料形成废品，如图 1-9 所示。

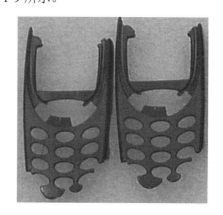

图 1-9　短射

### 2. 熔接痕

熔接痕是注射过程中两股或两股以上的熔融料流相汇合所产生的细线状缺陷，如图 1-10 所示。熔接痕牢度不足或者处于受力部位，则容易出现塑件断裂等问题。

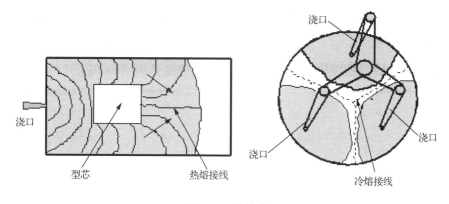

图 1-10　熔接痕

### 3. 缩痕/缩孔

缩痕（凹陷）：由于熔体冷却固化时体积收缩而在产品表面产生局部下陷的现象，一般发生在塑件的加强筋、凸台等相接对应平面上，如图 1-11（b）所示。

缩孔（气穴）：由于熔体冷却固化时体积收缩而在产品内部产生的空穴，一般发生在产品壁厚部分，如图 1-11（c）所示。

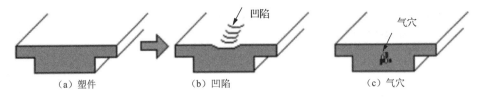

| （a）塑件 | （b）凹陷 | （c）气穴 |

图 1-11 凹陷和气穴

### 4. 流痕/流线

流痕/流线（流纹）是塑件在浇口附近形成涟波状的表面瑕疵，如图 1-12 所示，它影响制件的外观质量。

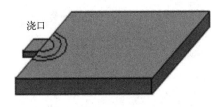

图 1-12 流纹

### 5. 黑斑/焦痕

黑斑与焦痕（黑纹）是在塑件表面呈现的暗色点或暗色条纹，如图 1-13 所示。褐斑或褐纹是指相同类型的瑕疵，只是燃烧或掉色的程度没那么严重而已，黑斑或焦痕会严重影响产品的外观及其性能。

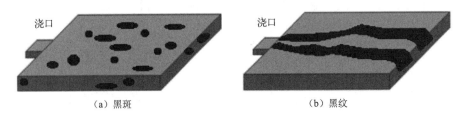

| （a）黑斑 | （b）黑纹 |

图 1-13 黑斑与黑纹

### 6. 溢料

溢料也称飞边，当熔体进入模具的分型面，或者进入与滑块相接触的面及模具其他零件的空隙时，就会发生溢料形成一薄层材料的现象，如图 1-14 所示。溢料后一方面会影响制件的尺寸精度，另一方面需要去除溢料，降低生产效率、影响制件外观。

### 7．翘曲与扭曲

两者都是脱模后产生的塑件变形，沿边缘平行方向的变形称为翘曲，如图 1-15 所示；沿对角线方向上的变形称为扭曲。翘曲及扭曲都会严重影响尺寸、装配精度及使用性能。

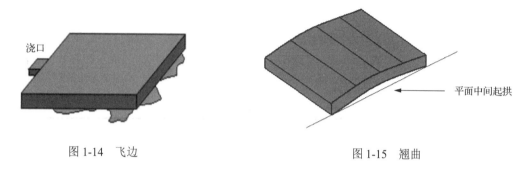

图 1-14　飞边　　　　　　　　　　　　　　　　图 1-15　翘曲

### 8．喷射流

当熔体以高速流过喷嘴、流道或浇口等狭窄的区域后，进入开放或较宽厚的区域，并且没有和模壁接触，就会产生喷射流。蛇状的喷射流使熔体折合而互相接触，造成小规模的缝合线，如图 1-16 所示。喷射流会降低塑件强度，造成表面缺陷及内部多重瑕疵。

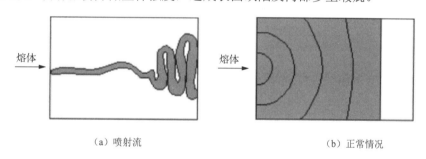

（a）喷射流　　　　　　　　　　　　　　　（b）正常情况

图 1-16　喷射流与正常情况

当然注塑件还有可能会出现如表面光泽不均、开裂、应力痕、浮纤等缺陷现象，这里不再一一列举。

## 1.3.2　注塑件常见缺陷产生原因及修正方法

对于注塑件出现的问题，可以从原材料、制件结构、模具设计及工艺参数等几个方面进行考虑和优化。在传统串行生产模式下，结合成本的最低化和效益的最大化原则来考虑，我们针对上面提到的主要四个方面可能原因，一般按照下列顺序或准则来进行修正或优化。

### 1．成型条件

即主要对成型过程中各阶段的温度、压力和时间等工艺参数进行调整和优化，是成型过程中解决塑件质量问题的首选手段，也是最经济的方法。

### 2．成型材料

不同的成型原材料有不同的流动特性和物理性能，对成型过程有着一定的影响，但成型材料的选用主要由塑件的应用场合和用户性能要求而定，一般选定后不会轻易调整和更改。

### 3．模具设计

主要涉及模具结构（如浇注系统形式、尺寸，浇口位置、数量，以及冷却系统设置等）、型腔表面处理与脱模斜度等方面的调整和优化。

### 4．塑件设计

塑件设计主要考虑塑件壁厚、尺寸、形状及结构等方面的调整。

随着 CAE 技术的出现，产品生产过程可以由原来的串行转变为并行的模式，能将产品的整个生产过程利用计算机进行模拟仿真，然后根据各个阶段的计算结果找出上述四个方面的对应原因及时进行优化，这样可以大大降低优化成本，提高生产效率和塑件质量。

下面列出注塑件常见缺陷产生原因及修正方法，如表 1-3 所示。

表 1-3　注塑件常见缺陷产生原因及修正方法

| 注塑件缺陷 | 产生原因 | 修正方法 | | | |
|---|---|---|---|---|---|
| | | 成型条件 | 成型材料 | 模具设计 | 塑件设计 |
| 短射 | ① 熔体温度低、流动性不足<br>② 注射压力、保压压力不足<br>③ 浇注系统设计不合理<br>④ 制件结构设计不合理<br>⑤ 模具排气不良 | ① 提高熔体、模具温度<br>② 增大注射压力，提高注射速度<br>③ 延长注射时间<br>④ 增大保压压力 | 选用流动性较好的材料 | ① 缩短流道、浇口长度<br>② 加大浇口、流道截面尺寸<br>③ 加大冷料穴 | 调整树脂流动长度和成型制品的壁厚的比例 |
| 熔接痕 | ① 熔体温度低、流动性不足<br>② 制件结构设计不合理<br>③ 浇口设计不合理<br>④ 模具排气不良<br>⑤ 脱模剂使用不当 | ① 提高熔体、模具温度<br>② 增大注射压力，提高注射速度<br>③ 停止使用脱模剂 | 选用流动性好的材料 | ① 调整浇口数量<br>② 改变浇口位置<br>③ 加大冷料穴<br>④ 开设排气槽<br>⑤ 在熔接痕前设护耳 | 制件受力处避免薄壁或较多通孔 |
| 缩痕/缩孔 | ① 注射压力或保压压力太小<br>② 保压时间或冷却时间太短<br>③ 熔体或原料不符合要求<br>④ 制件设计不合理<br>⑤ 模具温度太高 | ① 降低后区料筒温度<br>② 增大背压<br>③ 增大注射压力、保压压力<br>④ 降低注射速度<br>⑤ 延长保压时间 | 选用干燥好的材料 | ① 加大浇口截面<br>② 调整浇口位置 | 壁厚尽可能均匀一致，避免壁厚过厚或物料局部集中 |
| 流痕/流线 | 以浇口为中心出现不规则流线现象，其原因是注入模腔的材料时而接触模腔表面，时而脱离，而造成冷却不一致 | ① 提高熔体温度<br>② 提高模具温度<br>③ 适当降低出现流痕部分的对应注射速度 | 选用流动性好的材料 | ① 改变浇口位置<br>② 加大冷料穴 | |
| 黑斑/焦痕 | ① 树脂的分解<br>② 添加剂的分解<br>③ 因料筒或螺杆光面有伤痕引起物料滞留 | ① 降低注射温度<br>② 降低最后一级注射速度<br>③ 缩短物料在机筒中的滞留时间 | ① 选用热稳定性好的材料<br>② 停止回收料<br>③ 增强材料润滑性 | ① 加大浇口<br>② 改变浇口<br>③ 开排气槽 | |

续表

| 注塑件缺陷 | 产 生 原 因 | 修 正 方 法 | | | |
|---|---|---|---|---|---|
| | | 成 型 条 件 | 成 型 材 料 | 模 具 设 计 | 塑 件 设 计 |
| 表面无光泽、光泽不均 | ① 材料的分解<br>② 脱模剂过量<br>③ 模具光洁度差 | ① 增大注射压力<br>② 提高模具温度<br>③ 缩短滞留时间<br>④ 不用脱模剂 | 选用热稳定性好的材料 | 进一步提高模具表面光洁度 | |
| 制件开裂、表面龟裂 | ① 制件有黏模现象<br>② 顶出力不足或不平衡,制件开裂大多数和顶出有关 | | ① 改用分子量大的材料<br>② 选用强度大的材料<br>③ 不用或少用回收料 | ① 防止和减少模具易挂的地方<br>② 增大顶出面积<br>③ 增加顶杆数目 | 加大制件脱模斜度 |
| 溢料 | ① 锁模力较小<br>② 模具设计不合理或磨损<br>③ 注射工艺不当 | ① 降低熔体、模具温度<br>② 减小注射压力,降低注射速度<br>③ 增大锁模力 | 选用溢边值大的材料 | ① 减小模具配合间隙,小于塑料最大溢边值<br>② 控制排气槽深度 | |
| 翘曲 | ① 冷却不当<br>② 分子取向不均衡<br>③ 收缩不均 | ① 提高注射温度或速度<br>② 提高模具温度<br>③ 增大注射压力、保压压力 | 选用收缩率小、变形系数小的材料 | ① 冷却水道均衡设置<br>② 调整浇口位置<br>③ 顶出均匀、平衡 | ① 适当位置设置加强筋<br>② 适当减小制品尺寸及精度<br>③ 制件厚度适当、形状合理 |
| 喷射流 | 小浇口正对大型腔 | ① 减小注射压力,降低注射速度<br>② 提高熔体、模具温度 | 选用流动性好的材料 | ① 加大浇口截面<br>② 改变浇口位置<br>③ 改为护耳式浇口<br>④ 在浇口附近设阻碍柱 | |
| 制件透明度不足 | ① 模具表面光洁度不好<br>② 冷却速度过慢,引起材料结晶<br>③ 材料热分解 | ① 适当提高注射温度<br>② 适当提高模具温度 | 有些材料因冷却速度不同其透明度会变化 | ① 改善模具表面光洁度<br>② 采用表面电镀模具 | |
| 白化 | 主要顶杆痕上出现白浊,对ABS塑料、HIPS塑料常出现 | ① 减小注射压力、保压压力<br>② 降低顶出速度<br>③ 适当延长冷却时间 | | ① 增大顶出面积<br>② 增加顶杆数目 | 加大制件脱模斜度 |

# 1.4 其他注射成型技术

随着产品功能、性能要求的不断提高和成型技术的发展,除常见的普通注射成型外,还出现了双色、气体辅助和高光无痕等注射成型技术,下面作简要介绍。

## 1.4.1 双色注射成型技术

由于双色成型的塑件通过充分利用颜色搭配或物理性能的搭配，能够满足在不同领域的特殊要求（如产品结构、使用性能及外观等需要），因此在电子、通信、汽车及日常用品上应用越来越广，也日益得到了市场的认可，正呈现加速发展趋势。随之而来的双色注射成型技术（如双色成型工艺、设备及模具技术等）也逐渐成为许多专业厂家亟待研发的对象。图 1-17 所示为双色注射产品实例图片。

图 1-17　双色注射产品实例图片

为了保证双色产品中不同部分的黏结牢固，在双色注射产品设计时，可以从以下几个方面进行适当考虑。

（1）选择材料时必须考虑两种材料间的结合性，不同材料之间的结合性如表 1-4 所示。

（2）选材时考虑两种材料的成型工艺性。比如一般先注射硬料部分，再注射软料部分，以避免软料部分变形。另外，所选两种材料的收缩率也不能相差太大，否则容易造成材料之间的分离。

（3）在一次产品上增设沟槽以增加不同部分间的结合强度。

表 1-4　双色注射材料结合性

| 材质 | ABS | PA6 | PA66 | PBT | PC | PC/ABS | PC/PBT | PC/PET | PET | PMMA | POM | PP | PPO | TPE | TPU |
|---|---|---|---|---|---|---|---|---|---|---|---|---|---|---|---|
| ABS | | | | | | | | | | | | | | | |
| PA6 | | | | | | | | | | | | | | | |
| PA66 | | | | | | | | | | | | | | | |
| PBT | | | | | | | | | | | | | | | |
| PC | | | | | | | | | | | | | | | |
| PC/ABS | | | | | | | | | | | | | | | |
| PC/PBT | | | | | | | | | | | | | | | |
| PC/PET | | | | | | | | | | | | | | | |
| PET | | | | | | | | | | | | | | | |
| PMMA | | | | | | | | | | | | | | | |
| POM | | | | | | | | | | | | | | | |
| PP | | | | | | | | | | | | | | | |
| PPO | | | | | | | | | | | | | | | |
| TPE | | | | | | | | | | | | | | | |
| TPU | | | | | | | | | | | | | | | |

注：表中用不同灰度表示材料之间的结合性。■表示极好，■表示好，□表示一般，■表示差，□表示无数据。

双色注射成型根据模具结构和成型设备不同，主要有以下两种形式。

### 1. 双色多模注射成型

双色多模注射成型原理如图 1-18 所示，该双色注射成型机由两个注射系统和两副模具共用一个合模系统组成，而且在移动模板侧增设了一个动模回转盘，可使动模准确旋转 180°。

其工作过程如下。

（1）合模，物料 A 经料筒 9 注射到 a 模型腔内成型第一色产品。

（2）开模，单色产品留于 a 动模，注塑机动模回转盘逆时针旋转 180° 旋转至 b，实现 a、b 模动模位置的交换。

（3）合模，料筒 11 将物料 B 注射到 b 模型腔内成型第二色产品，同时料筒 9 将物料 A 注射入 a 模型腔内继续成型第一色产品。

（4）开模，顶出 b 模内的双色产品，动模回转盘顺时针旋转 180°，a、b 模动模再次交换位置。

（5）合模，进入下一个注射周期。

这种成型对设备要求较高，而且配合精度受安装误差影响较大，不利于精密件的生产制造。

### 2. 双色单模注射成型

双色单模注射成型原理如图 1-19 所示，该双色注塑机由两个相互垂直的注射系统和一个合模系统组成，需要在模具上设置旋转机构，可使动模成型部分准确旋转 180°。

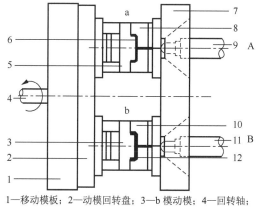

1—移动模板；2—动模回转盘；3—b 模动模；4—回转轴；
5—a 模动模；6—物料 A；7—定模座板；8—a 模定模；
9、11—料筒；10—b 模定模；12—物料 B。

图 1-18　双色多模注射成型原理

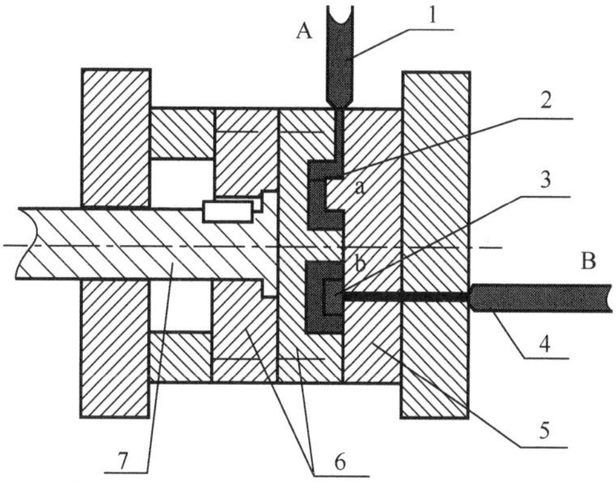

1、4—料筒；2—型腔 a；3—型腔 b；5—定模；
6—动模旋转体；7—回转轴。

图 1-19　双色单模注射成型原理

其工作过程如下。

（1）合模，A 料筒将物料 A 注射入型腔 a 内成型单色产品。

（2）开模，旋转轴带动旋转体和动模逆时针旋转 180°，型腔 a 和型腔 b 交换位置。

（3）合模，A 料筒、B 料筒分别将物料 A、物料 B 注射入型腔 a 内和型腔 b 内（成型双色产品）。

（4）开模，顶出型腔 b 内的双色制品，旋转体顺时针旋转 180°，型腔 a 和型腔 b 交换位置。

（5）合模，进入下一个注射周期。

这种结构的模具对设备的依赖性相对降低，其通过自身的旋转装置实现动模部分的旋转，两个不同的型腔都加工在同一副动、定模上，这有效地减小了两副模具的装夹误差，提高了制件的尺寸精度和外形轮廓的清晰度。双色单模根据注塑机结构形式不同常有清色、混色之分。

牙刷双色成型

手机壳双色成型

## 1.4.2 气体辅助注射成型技术

气体辅助注射成型（GAIM）技术突破了传统注射成型的限制，可灵活地应用于多种制件的成型。它在节省原料、防止缩痕、缩短冷却时间、提高表面质量、减小塑件内应力、减小锁模力、提高生产效率，以及降低生产成本等方面具有显著的优点。因此，GAIM 一出现就受到了企业广泛的重视，并得以应用。目前，几乎所有用于普通注射成型的热塑性塑料及部分热固性塑料都可以采用 GAIM 法来成型，GAIM 塑件也已涉及结构功能件等各个领域。

### 1. 工艺过程

气体辅助注射成型工艺过程是先在模具型腔内注入部分或全部熔融的树脂，然后立即注入高压的惰性气体（一般使用压缩氮气），利用气体推动熔体完成充模过程或填补因树脂收缩后留下的空隙，在熔体固化后再将气体排出，再脱出塑件。气体辅助注射成型工艺一般有预注射、注入气体、保压、模具中的空气排放、多余的氮气回收、塑件脱模等几个过程。随着应用领域的扩大，出现了更多的气体辅助注射成型新技术，如振动气体辅助注射成型、冷却气体辅助注射成型、多腔控制气体辅助注射成型及气体辅助共注射成型技术等。

气体辅助注射成型通常有短射（short shot）气体辅助成型、满射（full shot）气体辅助成型及外气（external gas）成型几种形式。

图 1-20 所示为短射气体辅助成型，首先注入一定量的熔体（通常为型腔体积的 50%～90%），然后立即向熔体内注入气体，靠气体的压力推动将熔体充满整个型腔，并用气体保压，直至树脂固化，然后排出气体和脱模。

短射气体辅助成型

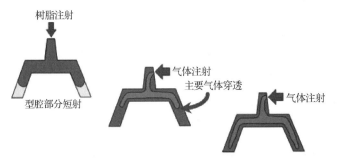

图 1-20 短射气体辅助成型

满射气体辅助成型是在树脂完全充满型腔后才开始注入气体，如图 1-21 所示，熔体由于冷却收缩会让出一条流动通道，气体沿通道进行二次穿透，不但能弥补塑料的收缩，而且靠气体压力进行保压，效果更好。

图 1-22 所示为外气成型工艺过程，与上述两种成型方法的不同之处在于，它不是将气体注入塑料内以形成中空的部位或管道，而是将气体通过气针注入与塑料相邻的模腔表面局部密封位置中，故称为"外气注射"。从工艺的角度来看，取消了保压阶段，保压的作用由气体注射来代替。外气注射突出的优点在于它能够对点加压，可预防凹痕，减小应力变形，使塑件外观质量更加完美。

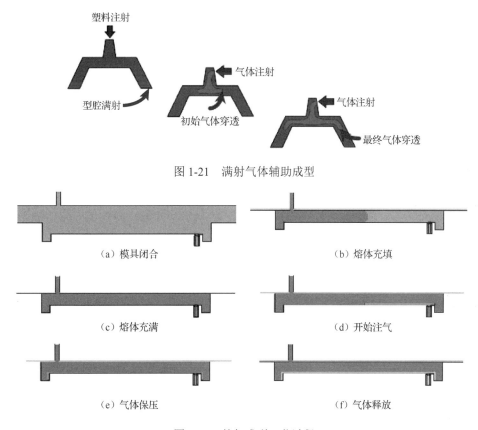

图 1-21　满射气体辅助成型

（a）模具闭合　　　　　　　　　　　　（b）熔体充填

（c）熔体充满　　　　　　　　　　　　（d）开始注气

（e）气体保压　　　　　　　　　　　　（f）气体释放

图 1-22　外气成型工艺过程

## 2. 注气位置

早期是利用注塑机的喷嘴将气体经主流道注入模具型腔，目前采用固定式或可动插入式气针直接由型腔进入制件，如图 1-23 所示。

（a）经喷嘴　　　　　　　　　（b）经流道　　　　　　　（c）直接进入制品

图 1-23　注气位置

制件气体入口位置的设计因制件形状结构的差异而会有所不同，应根据制件结构的情况和所用材料的特性加以综合考虑。

1）管状或棒形件

如把手、座垫和方向盘等制件主要应使气体穿透整个熔体而使熔体在内部形成气道。所以，在此类制件设计中，气道入口位置的选择要尽量保证气体与熔体流动方向一致及气体穿透的畅通，常采用一个入口并使其气体尽可能贯穿整个制件。

2）板状件

在大型板类制件的气体辅助注射成型中，常将加强筋作为气体通道，所以，气道的设计实质就改为对加强筋的设计。气体的入口也应尽量保证气体与熔体流动方向一致，且流向制件最后被充填的部位。由于大型板类制件的流程比较长，因此，采用气体辅助注射成型，可很好地改善甚至消除其因保压不足而引起的制件翘曲、变形或凹孔等现象。

3）壁厚不均的特殊件

应在这类制件的厚壁或过渡处，开设气道辅以气体充填，以消除该处可能产生的凹陷和减小制件变形。

### 3. 工艺参数

1）预注射量

GAIM 的预注射量应视具体情况而定（如制件使用要求、塑料种类选取、工艺参数设置等），一般为型腔总体积的 70%～100%。对同一种料的制品来说，随着预注射量的增加，气体注入量必然会减少，所以气体穿入的长度也会有所下降，有可能导致远端气道无法充填气体而在该处表面形成凹陷、缩痕或变形等。而此时在气道中形成的中空面积会比理想的略有增大。

2）熔体注射温度

温度的升高会降低熔体的黏度，从而减小气体的充填阻力，有利于增加气体穿入充填的长度。但温度过高易造成吹穿或薄壁穿透等现象。相反，熔体温度过低则不利于气体的穿入，甚至达不到 GAIM 所需要的效果。适当的温度可很好地提高制件的外观质量和内在性能。所以对那些黏度于温度变化敏感的物料来说，注射温度的控制就显得十分必要。

3）延迟时间

延迟时间是从熔体预注射结束到气体开始注射的这段时间，这段时间虽短，但在 GAIM 中却起着十分重要的作用。延迟时间过短，则气体易与高温低黏熔体混合，而且也容易造成高温低黏的熔体吹穿或薄壁穿透，使制件外观质量受到严重影响；随着延迟时间增长，熔体冻结层逐渐增厚，气体穿入阻力也相应增大，使气体穿入制品内部的长度及气道中空面积也会相应减小。而且由于受熔体表面张力作用的影响，远端气道的中空形状会趋向于圆形。

4）气体注射压力和速率

气体压力是气体充入气道推动熔体完成充模及保压的动力，所以控制气体的压力大小及稳定性是很有必要的。由于气体受其一定的压缩性、通道中的非线性动态流动及熔体流动阻力等一些因素的影响，要精确控制气体压力及速率是相当困难的。所以，目前常用的气体注射装置有：

（1）不连续压力产生法即体积控制法，如 Cinpres 公司的设备，它首先往汽缸中注入一定体积的气体,然后采用液压装置压缩,使气体压力达到设定值时才进行注射充填。大多数的气体辅助注射成型机械都采用这种方法,但该法不能保持恒定的大压力。

(2)连续压力产生法即压力控制法,如 Battenfeld 公司的设备,它是利用一个专用的压缩装置来产生高压气体。该法能始终或分段保持压力恒定,而且其气体压力分布可通过调控装置来选择设定。

如果气体注射压力和速率大,由于熔体流动的摩擦生热会降低熔体黏度、减薄冻结层,所以能保证气体的顺利穿入,增大穿入长度及气道中空面积。但注射压力也不能太大,GAIM 中气体压力一般为 5~32MPa。

5)气体保压压力及时间

气体保压阶段是提高制件外观、尺寸精度及使用质量的关键。由于气体的压力降几乎为零,故其传递的压力基本上是一致的。GAIM 中的保压阶段克服了传统注射成型(CIM)中保压压力不均引起的应力集中等现象,同时也加速了制件内部冷却速率,从而有利于提高制件的质量及性能。同 CIM 一样,大的气体保压压力会提高制件的表面质量,而且有利于通过气体的二次穿透补偿熔体收缩引起的缺料现象;延长保压时间,有利于制件充分冷却,减小后收缩,但具体取值应根据实际生产要求而定。

另外,注气时间和模具温度等也对成型结果有着一定的影响。

综上所述可以看出:GAIM 中的各工艺参数对成型结果的作用不是单一的,例如大的保压压力、长的保压时间和高的模温虽都有利于气体穿透程度和制件质量,但会加大机械设备的投入成本,制品成本增加及成型周期也相应增大;而减少预注射量和缩短充气延迟的时间,虽都有利于气体的穿透,但也有可能会引起短射或吹穿等问题。因此,各工艺参数还应根据实际生产情况及操作经验合理设置。

## 1.4.3 高光无痕注射成型技术

高光无熔痕注射成型技术简称高光无痕注射成型技术,又被称作快速热循环注射(Rapid Heat Cycle Moulding,RHCM)。这种技术是采用快速加热和快速冷却注射模具及动态温控装置,并对模具温度实行闭环控制的注射成型技术。

### 1. 工艺过程

高光无痕注射成型的工艺过程与传统常规注射基本一致,包括合模、熔料、注射、保压、冷却、开模、取件等几个阶段。其工艺过程有如下特点。

(1)加热阶段,通过利用动态温度控制系统,使模具温度快速上升到聚合物的熔点或热变形温度以上,并维持一定的时间。

(2)注射阶段,将聚合物的熔体注射到模具的型腔之中,要一直使模具保持较高的温度,防止注射和保压过程中熔体的过早冷却。

(3)冷却阶段,快速冷却已定型的聚合物熔体,将聚合物熔体温度迅速降低到塑料顶出温度以下。

(4)取件阶段,打开模具,取出塑件产品。

### 2. 优点及其应用

高光无痕注射可消除产品表面熔接线、熔接痕、波纹及银丝纹，彻底解决塑料产品的表面缩水现象，并使产品表面光洁度达到镜面水平，几乎可以完全再现模具的表面状态，达到无痕的效果。

产品不需要喷涂的后续加工，有效降低成本，缩短交货时间。此外，高光无痕注射还可解决加纤产品所产生的浮纤现象，从而使产品品质更加完美。在薄壁成型中，在高温下注入熔融树脂有助于提高注射流动性，减小注射压力，避免浇不足和困气等问题，提高产品质量与强度。而且通过成型后的速冷，也可以减小收缩应力，使脱模变得容易。同时，它也可使厚壁成型注塑周期降低 60%～70%。

高光无痕注射成型可广泛应用于目前 DVD/DMR/BD/BR/PDVD 等视听播放器的外装面板、液晶电视机、电脑液晶显示器、汽车液晶显示器、空调、汽车内饰件、车灯、光学仪器等家电、汽车、通信、医疗等行业。

### 3. 关键技术

高光无痕注射成型技术的关键点在于材料、模具和模具温度控制。

1）材料

对于高光要求，较重要的部分当然就体现在原材料上面了，因此对于一般的表面高光产品有一些强制性的原材料要求。

（1）材料的流动性要高，以便更好地在腔内流动，避免产生气纹、熔接线及高剪切力影响性能。

（2）材料表面耐磨性好，对于产品表面硬度的要求是保证产品在使用过程中保持良好外观的要求，一般都需要在 H 铅笔硬度以上的材料才能满足需求。

（3）材料热稳定性好，以免在日常使用过程中各种温差变化引起不良反应。

（4）耐化学性能要好，特别是减少挥发反应，以防造成对模具的腐蚀及使用过程中产生雾化反应。

（5）材料光泽度要高。

（6）韧性和刚性要求，以满足产品能经受跌落等考验。

2）模具

高光产品对于模具从设计到钢材选择，再到加工工艺都有着更高的要求，这点与传统注射模具也有着本质的区别。简单体现在下面几点上。

（1）温度控制精准度高，所以对于冷热水循环系统的设计要求更高，宜采用贴近型腔的随形水道设计，并增加隔热层，以确保模具具有快热快冷的控制效果。另外，就是保证温度的均匀性分布。

（2）浇口的设计要更加合理，降低注射过程中产生的剪切力，避免产生气纹和熔接线。

（3）排气系统要流畅，以使熔体能快速顺畅地在型腔内流通，达到更快充模的效果和减小气体对成型的影响。

（4）耐化学性更强，以免注射过程中受原料中的挥发性气体腐蚀，并且机械刚性也要更高。

（5）表面镜面处理，高光产品可以直接用于装配，无须做任何表面处理，因此型腔表面一般要求镜面2级或更高。

3）温度控制

模具表面的加热方式是温控系统的关键技术。常见模具加热方式及其优缺点如表1-5所示。

表 1-5 常见模具加热方式及其优缺点

| 加 热 方 式 | 优 点 | 缺 点 |
|---|---|---|
| 火焰加热 | ① 加热速度快<br>② 模具结构简单<br>③ 可成型光学、复杂类产品 | ① 安全问题<br>② 模拟比较复杂<br>③ 温度控制较难 |
| 电阻式加热 | ① 加热速度快<br>② 可以模拟 | ① 模具结构复杂<br>② 难以成型光学、复杂类产品 |
| 感应加热 | ① 加热速度快<br>② 温度容易控制<br>③ 模具结构简单<br>④ 可以模拟<br>⑤ 可成型光学、复杂类产品 | ① 线圈需作设计<br>② 对周围电子仪器有影响 |
| 高压蒸汽加热 | ① 加热速度快<br>② 温度容易控制<br>③ 模具结构简单<br>④ 可以模拟<br>⑤ 可成型光学、复杂类产品 | ① 高温加热时需加压，有危险性<br>② 设备成本高 |

# 1.5 注射成型 CAE 基础理论

注射成型 CAE 分析就是在科学计算的基础上，融合计算机技术、塑料流变学和弹性力学，将试模过程全部用计算机进行模拟，求出熔体充模过程中的速度分布、压力分布、温度分布、剪应力、制件的熔接痕、气穴及成型机器的锁模力等结果，这些结果可以等高线、彩色渲染图、曲线图及文本报告等形式直观地展现出来。其目的是利用计算机的高速度，在短时间内对各种设计方案进行比较和评测，为优化塑件结构、模具设计和成型工艺等多方面提供科学的依据，以生产出高质量产品。

要实现注射成型充模过程的数值模拟，一般需要具备以下几个条件。

（1）建立一个比较完整合理的充模过程的数学物理模型。

（2）选用有效的数值计算方法。

（3）计算机硬件及相关软件的支持。

## 1.5.1 充填模型

注射成型的充填过程，实际上是一个可压缩、黏弹性流体的非稳态、非等温流动的一个相当复杂的过程。人们对它的认识也经历了由简单到深入而逐渐全面的过程。20世纪70年代初，由 Richardson 第一次描述了该过程的数学模型，它将注射成型充模过程视为不可压缩的牛顿流体的等温流动过程；后来在 Kamal 等的研究中提出了非牛顿流体充模流动的模型；进一步的研究由 Ballman 等研究者将充模过程视为非等温非稳态的过程；后来由 Wang 等提出了一个描述可压缩性黏弹性流体在非稳态非等温条件下的一般 Hele-Shaw 型充模流动、保压及冷却过程统一的数学模型。这些研究结果对于塑料注射成型充模流动数值模拟的实现具有非常重大的意义。

其实，注射成型充模过程的数学物理模型归结为一系列偏微分方程（如三大传递理论和黏度模型方程等）的边值问题，下面是简化后的数学物理模型。

运动方程为

$$\frac{\partial}{\partial z}\left(\eta \frac{\partial u}{\partial z}\right) - \frac{\partial P}{\partial x} = 0 \tag{1-1}$$

$$\frac{\partial}{\partial z}\left(\eta \frac{\partial v}{\partial z}\right) - \frac{\partial P}{\partial y} = 0 \tag{1-2}$$

连续性方程为

$$\frac{\partial}{\partial x}\left(b \vec{u}\right) + \frac{\partial}{\partial y}\left(b \vec{v}\right) = 0 \tag{1-3}$$

能量方程为

$$\rho C_{\mathrm{p}}(T)\left(\frac{\partial T}{\partial t} + u\frac{\partial T}{\partial x} + v\frac{\partial T}{\partial y}\right) = \frac{\partial}{\partial z}\left[k(T)\frac{\partial T}{\partial z}\right] + \eta\gamma^2 \tag{1-4}$$

式中，$u$、$v$——分别为熔体沿 X、Y 方向上的速度分量；

$\vec{u}$、$\vec{v}$——分别为熔体沿 X、Y 方向在 Z 轴（厚度）上的平均流速；

$\eta$——熔体黏度；

$P$——熔体所受的压力；

$\rho$——熔体的密度；

$C_{\mathrm{p}}$——比热容；

$b$——型腔半厚；

$k$——导热系数。

## 1.5.2 熔体黏性模型

在塑料成型充模的模拟过程中，熔体的黏性流变特性也是必需的，因此，建立一个合理的黏度模型，也是实现熔体充模模拟的重要一环。我们常用的主要有三个加工模型。

（1）幂律模型。

（2）Cross-Arrhenius 模型。

（3）Carrean 模型。

其中，Cross-Arrhenius 模型同时考虑了温度、压力及剪切速率等因素对黏度的影响，可以很好地描述熔体在高或接近零剪切速率下的流变形为。所以，比较适合于描述塑料注射充模中的流变特性，在熔体充模模拟及流动分析软件中也常常选用该模型。其公式如下。

$$\eta\left(T,\dot{\gamma},P\right)=\frac{\eta_0(T,P)}{1+\left(\eta_0\dfrac{\dot{\gamma}}{\tau^*}\right)^{1-n}}\tag{1-5}$$

$$\eta_0(T,P)=B\exp(T_b/T)\exp(\beta P)\tag{1-6}$$

式中，$\eta_0$——零剪切时的熔体黏度；

$T$、$\dot{\gamma}$、$P$——分别是熔体温度、剪切速率和压力；

$\tau^*$——复数剪切应力，表示聚合物的黏弹剪切应力行为；

$n$——熔体非牛顿指数；

$T_b$——零剪切黏度 $\eta_0$ 时的温度；

$B$——表示零剪切黏度 $\eta_0$ 的水平，是由聚合物的分子量等参数决定的常数量；

$\beta$——表征零剪切黏度 $\eta_0$ 对压力的敏感度。

### 1.5.3　数值解法及模拟的实现

对于上述方程组的求解，解析法往往是无能为力的，只有数值解法才是行之有效的，而这种数值方法通常有：一类是区域型数值解法，如有限元法（可适用于各类复杂的边界问题，但其计算比较复杂）、有限差分法（它几乎能对所有的偏微分方程求解，但是对复杂区域或边界条件的适用性比较差）；另一类为边界型数值法，如边界元法（它只对边界进行离散，因而可大大节约时间，提高计算的效率）。

最早将有限差分法用在注射成型充模模拟中的是 Toor、Ballman 及 Cooper 等，而 Kamal 等对其作了更深入的研究。到了 20 世纪 70 年代后，有限元法也被引入充模流动的模拟中来，并在此基础上发展了两种简化的数值模拟技巧：耦合流动路径法（coupled-flow-path）及流动分析网络法（flow-analysis-network）。进入 80 年代，Wang 等提出了控制容积法（control-volume scheme），该法在充模流动模拟中，厚度及时间步长上采用有限差分法，而在平面坐标中采用有限元法来进行离散，在确定熔体前沿位置时，用控制体积来代替矩形单元，这样可以更加接近于实际的流动状况。所以，它被广泛用于熔体充模过程的模拟及一些流动分析软件中。

# 第2章
## Moldflow软件功能及基本分析流程

»»»»»

**教学目标**

通过本章的学习，了解 Moldflow 软件的基本功能，熟悉基本分析流程，熟练使用界面菜单和工具命令进行相应操作，掌握 Moldflow 软件初步分析过程的操作方法和技巧。

**教学内容**

| 主 要 项 目 | 知 识 要 点 |
|---|---|
| Moldflow 软件主要功能 | Moldflow 软件的基本功能及其使用场合 |
| Moldflow 软件界面菜单命令 | Moldflow 软件各菜单命令的功能 |
| Moldflow 基本分析流程及初步应用 | 对照流程图，结合实例演示和操作，熟悉 Moldflow 中 AMI 的分析流程和基本操作命令 |

**引例**

在 Moldflow 注射成型分析过程中，我们一般首先根据初步拟定的模具方案布局塑件模型，并进行不同方案相关几何（如浇注系统、冷却系统等）的创建及参数（如分析序列、材料、工艺等）的设定，然后交由计算机进行运算，通过模拟计算结果的比较分析，对方案进行评估和优化。

图 2-1 所示为塑件示图（见"实例模型\chapter2\2-1.stl"），材料选用 PP，对该塑件按下列要求进行操作：在新建文件、导入本模型（STL 格式）和完成网格划分处理的基础上，先进行浇口位置分析，然后在确定浇口位置基础上进行初步的填充分析，并选择部分分析结果生成报告文件。

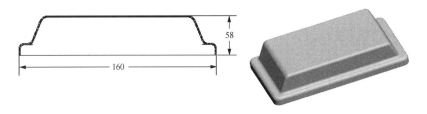

图 2-1　塑件示图

# 2.1  Autodesk Moldflow 软件概述

Moldflow 公司为一家专业从事塑料计算机辅助工程（CAE）的跨国性软件和咨询公司，1978 年美国 Moldflow 公司发行了世界上第一套流动分析软件；2000 年 4 月收购了另一个世界著名的塑料分析软件 C-MOLD；2008 年 6 月，Autodesk 完成 Moldflow 收购要约后，改为 Autodesk Moldflow。

Autodesk Moldflow 是 Autodesk 公司开发的一款用于塑料产品、模具设计与制造的注射成型软件，利用该软件可在计算机上对整个注射成型过程进行模拟分析，包括填充、保压、冷却、翘曲、纤维取向、结构应力和收缩，以及气体辅助成型、塑料封装成型和热固性塑料流动等分析。帮助产品、模具设计人员在设计阶段就发现塑件可能出现的缺陷，及时解决产品、模具及成型工艺中的问题，提高一次试模的成功率，以达到降低成本、提高质量和缩短周期的目的。

## 2.1.1  Autodesk Moldflow 软件简介

Autodesk Moldflow 软件构架主要由 Autodesk Moldflow Adviser、Autodesk Moldflow Insight、Autodesk Moldflow Design Link、Autodesk Moldflow CAD Doctor、Autodesk Moldflow Communicator 等几部分组成。本文主要介绍 Autodesk Moldflow Insight（AMI）的主要功能，其主要模块及其功能见表 2-1。

表 2-1  AMI 主要模块及其功能

| 主 要 模 块 | Basic 基础版 | Performance 功能版 | Advanced 高级版 | 功 能 概 要 |
|---|---|---|---|---|
| 热塑性塑料成型工艺 | | | | |
| 双层面 | ● | ● | ● | 使用双层面专利技术可以将三维模型生成双面分析模型 |
| 3D | ● | ● | ● | 对厚壁结构部件及壁厚变化较大的塑件而言，3D 网格是理想的选择 |
| 中性面网格 | ● | ● | ● | 生成具有指定厚度的二维平面网格 |
| 填充分析 | ● | ● | ● | 模拟注射成型工艺中的填充和保压阶段，预测塑料熔体的填充、保压模式 |
| 保压分析 | ● | ● | ● | 优化整体保压曲线，实现体积收缩量及分布情况的可视化，因而有助于最大限度地减小制品翘曲并消除凹痕等缺陷 |
| 浇口位置分析 | ● | ● | ● | 可以确定多达 10 处最优化的浇口位置 |
| 成型窗口分析 | ● | ● | ● | 寻找最佳成型条件组合 |
| 熔接痕分析 | ● | ● | ● | 查明熔接痕和凹痕等潜在加工缺陷的位置及严重性，然后进行设计变更 |
| 几何分析 | ● | ● | ● | 自动对给定制品的几何形状进行评估，确定最佳的分析技术——3D 还是双层面 |
| 凹痕分析 | ● | ● | ● | 查明熔接痕和凹痕等潜在加工缺陷的位置及严重性，然后进行设计变更 |

续表

| 主 要 模 块 | Basic<br>基础版 | Performance<br>功能版 | Advanced<br>高级版 | 功 能 概 要 |
|---|---|---|---|---|
| 几何分析 | ● | ● | ● | 自动对给定制品的几何形状进行评估,确定最佳的分析技术——3D 还是双层面 |
| 冷却质量分析 | ● | ● | ● | 找出制品中无法有效冷却的区域,然后通过改变几何形状来避免缺陷 |
| 流道平衡分析 | ● | ● | ● | 多腔模具和组合制品模具中实现流道平衡优化 |
| 流道顾问分析 | ● | ● | ● | 指导用户创建流道 |
| 冷却分析 | | ● | ● | 优化模具和冷却回路设计,以实现制品均匀冷却,缩短周期时间 |
| 翘曲分析 | | ● | ● | 找出容易发生翘曲的部位,以便优化制品设计、模具设计和材料选择 |
| 与结构应力分析软件的接口 | | ● | ● | 将机械特性数据从 Moldflow 中导入 ANSYS 或 ABAQUS 等结构分析软件中 |
| 前、后处理器 | ● | ● | ● | 前处理包括打开软件、导入模型、划分网格、网格处理、设置参数等,后处理包括查看结果、作报告 |
| 实验性设计（DOE） | ● | ● | ● | 自动对不同工艺参数进行一系列自动分析——包括模具和熔体温度、注射时间、保压压力和时间及制品厚度,找出最佳的设置参数 |
| 双色注射成型分析 | ● | ● | ● | 先填充一个制品,然后打开模具,移动位置,在第一个制品上方浇注第二个制品 |
| 纤维取向分析 | | ● | ● | 了解并控制纤维增强塑料中的纤维取向,减少甚至消除制品翘曲 |
| 收缩分析 | | ● | ● | 根据工艺参数和材料的具体等级数据精确计算注塑制品的收缩率 |
| 工艺优化 | | ● | ● | 对注射工艺如螺杆速度、注射时间、注射量等进行优化 |
| 应力分析 | | ● | ● | 结合注射成型时产品的应力分布情况,分析产品在受外载时,产品上的应力情况 |
| 注射压缩成型 | | | ● | 模拟压注成型工艺,全面评估可选材料、制品设计、模具设计和工艺 |
| 共注成型 | | | ● | 优化材料组合,同时提高产品的整体性价比 |
| 气体辅助注射成型 | | | ● | 确定塑料和气体的入口,在注入气体前应注射多少塑料,以及如何优化气体通道的位置 |
| 微孔发泡注射成型 | | | ● | 在这种工艺中,将一种超临界液体（如二氧化碳或氮）与熔融的塑料的混合物注入模具中,生成微孔泡沫 |
| 双折射预测分析 | | | ● | 评估工艺应力引起的折射率变化,以此预测注塑制品的光学性能 |
| 热固性塑料成型工艺 | | | | |
| 反应成型分析 | ● | ● | ● | 避免因树脂提前凝固造成的欠注,亮显可能出现气穴的部位,确定有问题的熔接痕。平衡流道系统,选择适当的成型机尺寸,并评估适用于各种应用的热固性塑料 |
| 微芯片封装 | | ● | ● | 这种工艺可以在恶劣环境下为电子芯片提供保护并保持芯片间的相互连接 |
| 底层覆晶封装 | | ● | ● | 预测封装材料在芯片和基层之间的型腔内的流动情况 |

### 2.1.2　Autodesk Moldflow 主要工作内容

从 Moldflow 的功能来看，其优化工作内容主要集中体现在以下三个方面。

#### 1．优化塑件形状与结构

运用 Moldflow 软件，可以得到塑件的实际最小壁厚，优化制品结构，降低材料成本，缩短生产周期，保证制品能全部充满。

#### 2．优化模具结构

运用 Moldflow 软件，可以得到最佳的浇口数量与位置、合理的浇注系统与冷却系统，并对型腔尺寸、浇口尺寸、流道尺寸和冷却系统尺寸进行优化，在计算机上进行试模、修模，大大提高模具质量，减少修模次数。

#### 3．优化成型工艺

运用 Moldflow 软件，可以确定最佳的成型工艺参数，如注射压力、保压压力、锁模力、模具温度、熔体温度、注射时间、保压时间和冷却时间等，以成型出最佳的塑料制品。

## 2.2　AMI 操作界面

AMI 启动界面如图 2-2 所示，打开工程后的操作界面如图 2-3 所示，主要包括标题栏、菜单栏、工具栏、工程管理区、任务区、图层管理区、模型显示区和日志显示区等几部分。

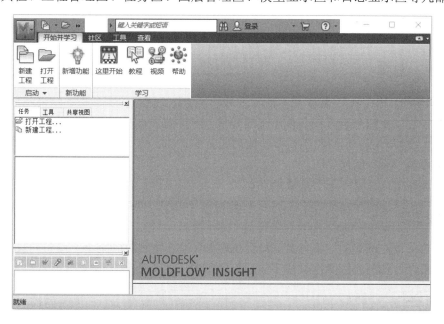

图 2-2　AMI 启动界面

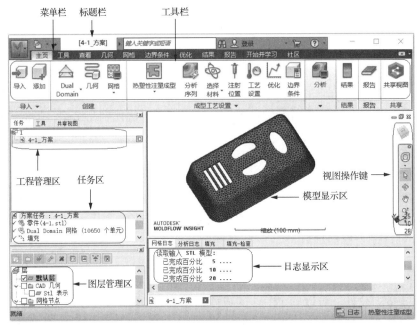

图 2-3　AMI 操作界面

# 2.3　AMI 菜单命令

AMI 菜单栏如图 2-3 所示，包括主页、工具、查看、几何、网格、边界条件、优化、结果、报告等主菜单，可以实现对文件、模型、网格的创建、编辑，以及分析的执行、结果的查看、报告的生成等一系列操作。

## 2.3.1　主页

如图 2-4 所示，"主页"菜单包含导入、创建、成型工艺设置、分析、结果及报告等命令，通过这些命令可以按照分析流程实现模型的导入、网格划分修补、模具浇注系统和冷却系统等几何的创建、成型方法与原材料的选择、成型工艺的设置、分析的执行、分析结果的查看、分析报告的生成等一系列的操作。

其中"成型工艺设置"部分的菜单功能如下。

### 1．成型工艺

单击"热塑性注塑成型"下方黑三角会出现如图 2-5 所示级联菜单，图中列表为双层面时的可用成型工艺，该列表因网格类型不同而有所差异。

### 2．分析序列

单击"分析序列"按钮会弹出如图 2-6 所示对话框，可根据分析需要选择相应的分析序列，也可以通过单击"更多..."按钮进行相应分析序列的选择。

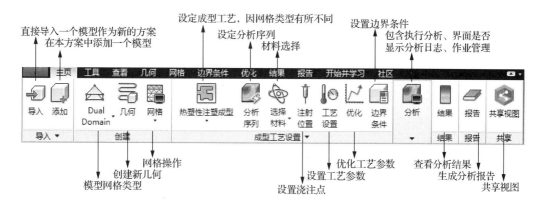

图 2-4　"主页"菜单命令

图 2-5　成型工艺

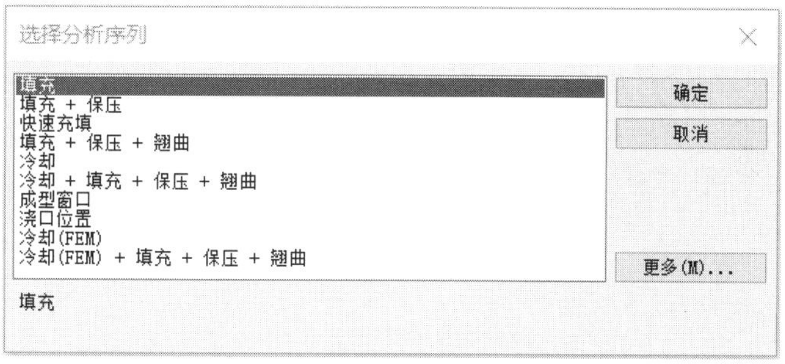

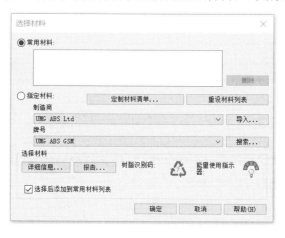

图 2-6　"选择分析序列"对话框

## 3．选择材料

单击"选择材料"按钮可用于设定分析模型所用的原材料，对话框如图 2-7 所示。

图 2-7　"选择材料"对话框

对话框中单选项功能介绍如下。

1）常用材料

列表中会显示先前使用过的材料，如所需材料在此列表内，则可以直接选取，单击"确定"

按钮选定该材料，也可以通过单击右侧的"删除"按钮删除选取的材料。

2）指定材料

通过"指定材料"区的相关命令可以在数据库里查找所需的材料，各按钮和复选框功能介绍如下。

（1）"定制材料清单"：单击后会加载如图 2-8 所示列表框，材料库中包含了近 9000 种热塑性材料和近 200 种热固性材料。

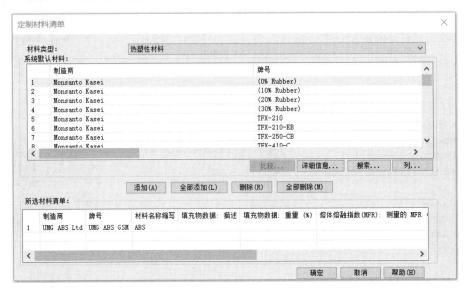

图 2-8　"定制材料清单"列表框

①"比较"：可以对比不同材料的信息，当在列表中选取多种材料（同时按下 Ctrl 键）时，该按钮被激活，单击后会显示如图 2-9 所示报告。

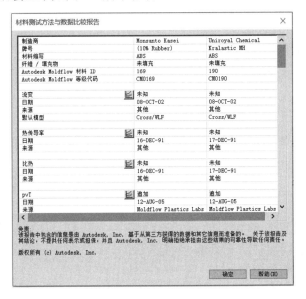

图 2-9　材料信息比较报告

②"详细信息":可以显示选定材料的详细信息和属性,包含描述、推荐工艺、流变属性、热属性、PVT 属性、机械属性、收缩属性、填充物属性、光学属性、环境影响、质量指示器、结晶形态等选项卡。

③"搜索":可以通过设置搜索条件查找需要的材料,单击后会弹出如图 2-10 所示"搜索条件"对话框,"搜索字段"各项属性见表 2-2。

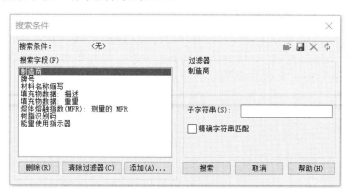

图 2-10  "搜索条件"对话框

表 2-2  "搜索字段"项目

| 项　　　目 | 简　　　介 |
|---|---|
| 制造商 | 制造厂家,如 BASF 等 |
| 牌号 | 材料的牌号,如 Terluran HH-106 等 |
| 材料名称缩写 | 材料大类名的缩写,如 PE、ABS 等 |
| 填充物数据:描述 | 填充物的数据描述,如 glass |
| 填充物数据:重量 | 填充物的重量(%),输入一个范围 |
| 熔体熔融指数 | 熔体熔融指数(MFR:g/10min),输入一个范围 |
| 树脂识别码 | 树脂识别码,输入一个范围 |
| 能量使用指示器 | 能量使用指示器,输入一个范围 |

④"列":可以调整材料列表中列的前后次序,单击后会弹出如图 2-11 所示"列"对话框,首先从列表中选取相应的列的名称,然后通过右上方的 ↑或 ↓来调整前后次序,单击"确定"按钮后,如图 2-8 所示"定制材料清单"列表中材料的列项次序会作相应调整。

⑤"添加":可以将选定的材料添加到"所选材料清单"列表中。

⑥"全部添加":可以将数据库中的全部材料添加到"所选材料清单"列表中。

⑦"删除":可以将"所选材料清单"列表中选定的材料移除。

⑧"全部删除":可以将"所选材料清单"列表中的全部材料移除。

(2)"重设材料列表":单击后,在"制造商""牌号"栏中会列出所有材料的数据,通过下拉列表可以选取所需制造商和材料的牌号。

(3)"导入":可以导入材料文件。

(4)"搜索":单击后会弹出如图 2-10 所示"搜索条件"对话框,以搜索所需的材料。

(5)"详细信息":显示选定材料的详细信息。

（6）"报告"：显示材料数据使用方法报告。

（7）"选择后添加到常用材料列表"复选框：勾选后，将选定的材料自动添加到"常用材料"列表中去，便于下次使用。

### 4．注射位置

单击"注射位置"按钮可以在网格模型上设置浇口位置，必须选择到相应位置的节点上。浇口位置设置主要有如图 2-12 所示两种情况：在进行初始分析或采用浇注系统向导设置流道系统时，浇口位置直接选择在塑件模型相应位置的节点；在采用人工创建或已有浇注系统的情况下，浇口位置则选择在主流道的起始端的节点。

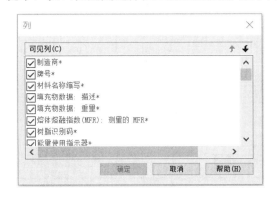

图 2-11　"列"对话框

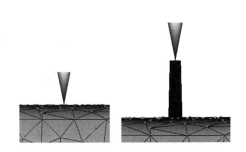

图 2-12　浇口位置设置两种情况

### 5．工艺设置

单击"工艺设置"按钮可用于设定成型工艺，对话框如图 2-13 所示，设置步骤及具体参数因分析序列不同而有所差异，具体设置详见第 8 章"常用分析序列与结果评定"。

在"主页"菜单下单击"几何""网格""边界条件""优化""结果""报告"等按钮命令，会在菜单栏中出现相应的菜单命令（分别见 2.3.4～2.3.9 节）。

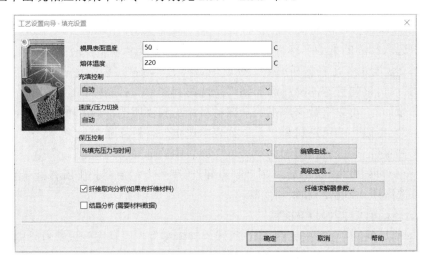

图 2-13　"工艺设置向导"对话框

## 2.3.2 工具

如图 2-14 所示,"工具"菜单包含数据库、自动化、指定的宏及选项等命令,可以实现对数据的操作(搜索、新建及编辑)、操作过程的录制和播放、宏的指定及选项的操作。

图 2-14 "工具"菜单命令

其中部分菜单功能如下。

### 1. 新建数据库

"新建数据库"可以根据需要创建新的如冷却介质、模具材料、热塑性材料等数据库,选择后会弹出如图 2-15 所示对话框,可以设置名称和类别(包括材料、参数、工艺条件、几何/网格/BC 和全部),"属性类型"用于选择要创建的对象类型。

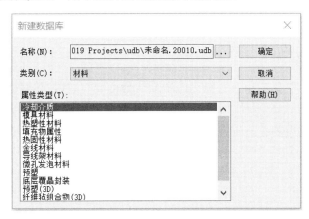

图 2-15 "新建数据库"对话框

以在"属性类型"里选择热塑性材料为例,单击"确定"按钮会弹出如图 2-16 所示"属性"对话框。

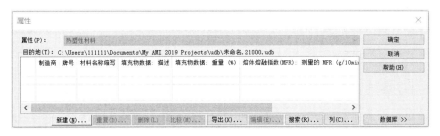

图 2-16 "属性"对话框

单击"新建"按钮,弹出如图 2-17 所示"热塑性材料"对话框,可以设置热塑性材料的一系列属性。

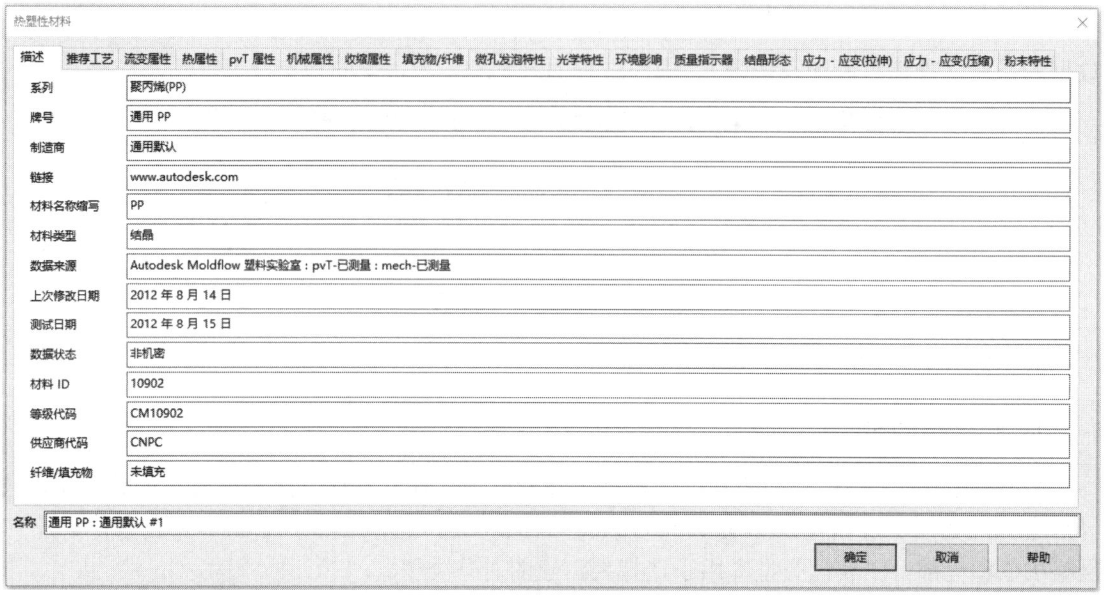

图 2-17 中的对话框内容：

热塑性材料

描述 推荐工艺 流变属性 热属性 pvT 属性 机械属性 收缩属性 填充物/纤维 微孔发泡特性 光学特性 环境影响 质量指示器 结晶形态 应力 - 应变(拉伸) 应力 - 应变(压缩) 粉末特性

| 系列 | 聚丙烯(PP) |
| 牌号 | 通用 PP |
| 制造商 | 通用默认 |
| 链接 | www.autodesk.com |
| 材料名称缩写 | PP |
| 材料类型 | 结晶 |
| 数据来源 | Autodesk Moldflow 塑料实验室: pvT-已测量:mech-已测量 |
| 上次修改日期 | 2012 年 8 月 14 日 |
| 测试日期 | 2012 年 8 月 15 日 |
| 数据状态 | 非机密 |
| 材料 ID | 10902 |
| 等级代码 | CM10902 |
| 供应商代码 | CNPC |
| 纤维/填充物 | 未填充 |

名称 通用 PP : 通用默认 #1

确定　取消　帮助

图 2-17 "热塑性材料"对话框

## 2．编辑默认数据库

单击"数据库"右侧黑三角,选择"编辑默认数据库"可以对数据库中的属性进行编辑。选择该命令会弹出如图 2-18 所示"属性"对话框,双击需要编辑的选项会弹出对应的编辑框,可以对相应的参数进行编辑。

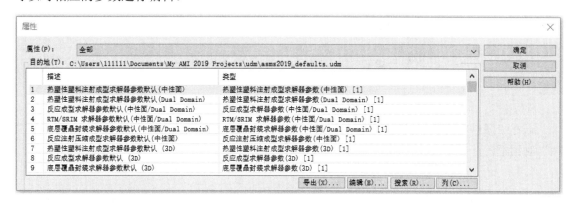

图 2-18 "属性"对话框

## 3．应用程序选项

选择"应用程序选项"会弹出"选项"对话框,各选项卡中的具体功能如图 2-19 和图 2-21～图 2-27 所示。

图 2-19　"常规"选项卡

包含美国英制单位和公制单位

可设置常用材料数目

可设置自动保存项目的间隔时间

可调整栅格尺寸和平面大小

单击会弹出如图2-20所示对话框

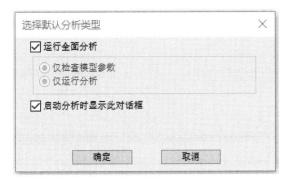

图 2-20　"选择默认分析类型"对话框

Moldflow 模流分析与工程应用

系统背景设置

模型背景
实体：可设同一颜色
梯度：渐变色

模型背景四个角落可
以设置成不同颜色

图元显示的颜色设置

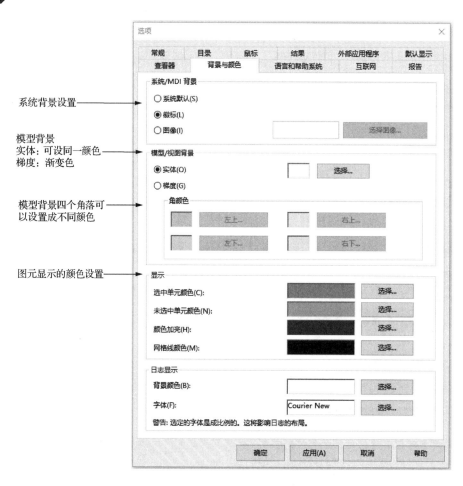

图 2-21　"背景与颜色"选项卡

可更改工程默认放置目录

图 2-22　"目录"选项卡

34

可设置视图旋转、平移、动态缩放及局部放大的鼠标键组合

设置鼠标初始模式（有选择、旋转、平移、放大与缩放等选项）

图 2-23 "鼠标"选项卡

设置用户界面语言，包括英文和中文

设置工具注释的提示与否及显示延迟时间

图 2-24 "语言和帮助系统"选项卡

图 2-25  "结果"选项卡

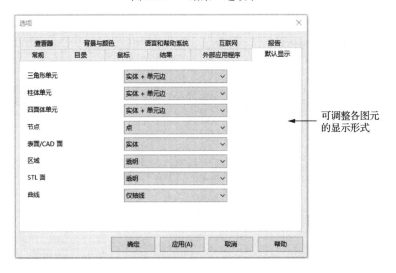

图 2-26  "默认显示"选项卡

图 2-27　"查看器"选项卡

## 2.3.3　查看

如图 2-28 所示，"查看"菜单包含外观、剖切平面、窗口、锁定、浏览及视角等命令，可以全面查看模型的显示。

图 2-28　"查看"菜单命令

### 1．外观

单击"实体"按钮会弹出如图 2-26 所示"默认显示"选项卡。"公制单位"含美国英制单位和公制单位。

### 2．剖切平面

单击"编辑"按钮会弹出如图 2-29 所示"剖切平面"对话框，如勾选"平面 YZ"，则显示如图 2-30 所示模型剖切视图，单击"使激活"按钮激活已有剖切面。单击"移动"按钮时会弹出如图 2-31 所示"移动剖切平面"对话框，可以设置相关参数。

图 2-29    "剖切平面"对话框

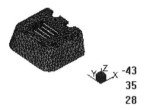

图 2-30    模型剖切视图

### 3. 窗口

单击"用户界面"右侧黑三角会出现如图 2-32 所示选项，通过勾选复选框来控制该栏目在用户界面中的显示与否。图 2-33～图 2-36 所示分别为层叠、水平平铺、垂直平铺和拆分（可以将当前窗口分割成多个小窗口）显示模式。

图 2-31    "移动剖切平面"对话框

图 2-32    "用户界面"子选项

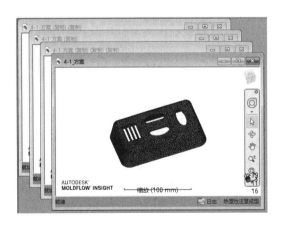

图 2-33    叠层显示模式

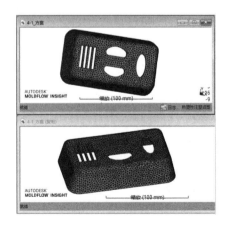

图 2-34    水平平铺显示模式

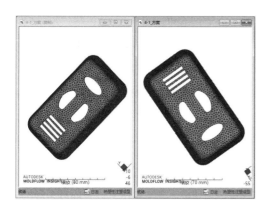

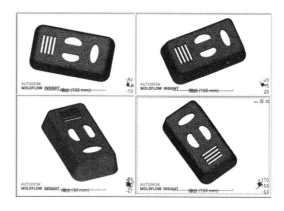

图 2-35　垂直平铺显示模式　　　　　　图 2-36　拆分显示模式

**4．锁定**

可分别对多个窗口中的视图、结果图和动画等进行锁定、解锁等操作，便于观察和对比不同窗口中的模型。

**5．浏览**

通过"导航""选择""平移""全部缩放""动态观察"等命令对模型进行操作和查看；通过"中心"命令可以将鼠标在模型上的单击处平移到窗口中心，该点也变为旋转中心，便于详细查看模型单击处的细节；通过"测量"命令可以测量模型上的距离。这些功能同模型显示区右侧的视图操作键（导航栏）。

## 2.3.4　几何

如图 2-37 所示，"几何"菜单包含局部坐标系、创建、修改、选择、属性（包含编辑、指定、更改，均在选定模型后激活、删除未使用的属性）及实用程序等命令，可以实现模型几何的创建（详见第 5 章）、属性编辑及模型查看等功能。

图 2-37　"几何"菜单命令

其中"选择"栏工具命令如图 2-38 所示，可以以不同方式选择模型中的图元，从左到右每个工具命令功能依次为：选择、圆形选择、多边形选择、选择框住的实体、展开选择、扩展到…、CA 实体、CAD 面、CAD 边、属性选择、层选择、全选、反向选择、仅选面向着屏幕的实体、取消全选、保存选择和删除选择。

图 2-38　"选择"栏工具命令

## 2.3.5　网格

如图 2-39 所示,"网格"菜单包含网格(包含网格类型选择、密度设置和网格的创建)、网格诊断、网格编辑、选择、属性及实用程序等命令,可以实现网格的相关处理(详见第4章)。

图 2-39　"网格"菜单命令

## 2.3.6　边界条件

如图 2-40 所示,"边界条件"菜单包含注射位置、浇注系统、气体、冷却、尺寸、约束和载荷、排气、分配、多料筒、属性及实用程序等命令,可以完成对模型边界条件的设置。

图 2-40　"边界条件"菜单命令

### 1. 限制性浇口节点

"限制性浇口节点"可以排除模型上不可能设置浇口位置处的节点,以便通过"浇口位置"分析优化后得到相对合理的浇口位置(具体操作见 9.4 节)。

### 2. 阀浇口控制器

"阀浇口控制器"主要针对热流道顺序控制进浇的阀浇口,可以创建阀浇口控制器、编辑控制器属性并指定给相应单元。

### 3. Dynamic Feed

"Dynamic Feed"主要针对热流道系统,可以设置热流道浇口处压力与时间的关系。

### 4. 设置入口

"设置入口"主要用于设置气体辅助注射成型工艺中的注气位置。

### 5. 关键尺寸

"关键尺寸"的"收缩"对话框如图 2-41 所示,可以查看定义的关键尺寸在模流分析后是否满足所设定的要求,只能在中性面和双层面模型中使用。

### 6. 约束

"约束"可以对一些位置设置约束，"约束"菜单如图 2-42 所示，输入参数因选项不同而有所差异，一般在应力分析时使用。图 2-43 所示为"固定约束"对话框。

图 2-41 "收缩"对话框

图 2-42 "约束"菜单

### 7. 载荷

"载荷"可以在相应的点、边、面上设置载荷，输入参数因选项不同而有所差异，也主要在应力分析时使用。图 2-44 所示为"点载荷"对话框。

图 2-43 "固定约束"对话框

图 2-44 "点载荷"对话框

## 2.3.7 优化

如图 2-45 所示，"优化"菜单可以对平坦度、圆度进行标识，在参数化方案或 DOE（实验设计）分析中将其作为标准，以确定使其保持在尺寸公差内所需的工艺条件范围。

图 2-45　"优化"菜单命令

### 1．关键尺寸

"关键尺寸"用于在优化分析的两个节点之间创建关键尺寸，"关键尺寸"对话框如图 2-46 所示。

### 2．平坦度

"平坦度"用于测量两个平行平面（跨所有选定的点）之间的最短距离，"平坦度"对话框如图 2-47 所示，标识关键表面以按照翘曲分析测量其平坦程度。

图 2-46　"关键尺寸"对话框

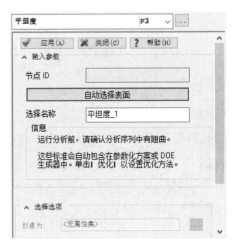

图 2-47　"平坦度"对话框

### 3．圆度

"圆度"用于描述选定节点偏离最佳拟合圆的最大总偏差，最大总偏差是偏离圆半径的最大正偏差和最大负偏差的总和，"圆度"对话框如图 2-48 所示，标识关键曲边以按照翘曲分析测量其偏离非圆度的程度。

### 4．优化标准

使用"优化标准"可以评估翘曲对成型零件质量的影响，在参数化方案或 DOE 分析中引入优化标准，以了解零件的关键区域在更改工艺条件时如何发生变化。

### 5．优化

"优化方法"对话框如图 2-49 所示，"参数化方案生成器"对话框和"DOE 生成器"对话框分别如图 2-50 和图 2-51 所示。

图 2-48　"圆度"对话框

图 2-49　"优化方法"对话框

图 2-50　"参数化方案生成器"对话框

图 2-51　"DOE 生成器"对话框

## 2.3.8　结果

如图 2-52 所示，"结果"菜单可以对分析结果图形进行查看和相关的编辑。

图 2-52　"结果"菜单命令

### 1．新建图形

"新建图形"可以根据需要新建一个或多个分析结果，选择该命令会弹出如图 2-53 所示"创建新图"对话框，可在左边的"可用结果"框中选择需要添加的分析结果，在右边的"图形类型"区中设定图形显示的类型。另外，通过"图形属性"选项卡可对图形的相关属性进行设定。

### 2．新建计算的图

"新建计算的图"可以创建一个新的图形，选择该命令会弹出如图 2-54 所示对话框，根据需要可以自定义图形属性，如新图名、单位、函数类型和结果类型等。

图 2-53　"创建新图"对话框

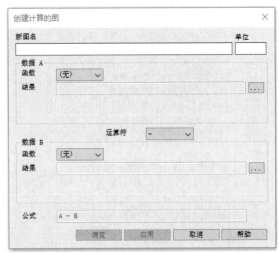

图 2-54　"创建计算的图"对话框

### 3．新建定制图

"新建定制图"可以创建新的结果图，选择该命令会弹出如图 2-55 所示对话框，自定义"图名"及相应参数后，会作为新的分析结果图显示在模型窗口中。例如，可以对熔接线的显示角度（Moldflow 中默认汇合角大于 135°即不显示熔接线）和分型面上的锁模力（Moldflow 中锁模力=XY 平面投影面积×型腔压力）进行设置。

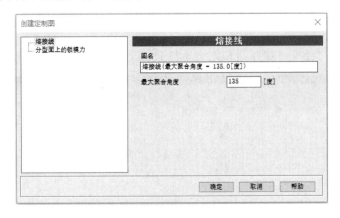

图 2-55　"创建定制图"对话框

上述三个命令在工具栏"新建图形"下方黑三角的下拉菜单中。

### 4．图形注释

本命令在选定某一分析结果后可用，可以在弹出的"图形注释"对话框中对图形添加一些注释。

#### 5．图形属性

"图形属性"可以根据需要对所选分析结果图的属性进行编辑。图形属性因结果类型不同而有所差异，下面介绍常见的实体图和曲线图两种属性。

（1）实体图的属性共有六个选项卡，具体功能如下。

①"方法"选项卡：如图 2-56 所示，主要包括"阴影"和"等值线"两种显示模式，分别如图 2-57 和图 2-58 所示。

图 2-56　"图形属性"的"方法"选项卡

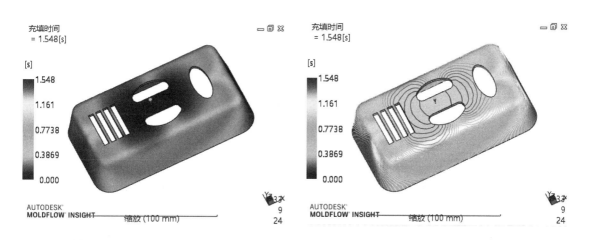

图 2-57　"充填时间"阴影显示　　　　　图 2-58　"充填时间"等值线显示

②"动画"选项卡：如图 2-59 所示，可以自定义动画的帧数和显示方法，某一充填时刻的"单一数据表动画"中两种显示模式如图 2-60 所示。

③"比例"选项卡：如图 2-61 所示，可以自定义结果图的显示范围。

④"网格显示"选项卡：如图 2-62 所示，可以自定义网格显示的类型，包括"未变形零件上的边缘显示"（各显示模式分别如图 2-63～图 2-65 所示）、"变形零件上的边缘显示"（变形分析可用）和"曲面显示"（"透明"显示模式如图 2-66 所示）。

图 2-59 "图形属性"的"动画"选项卡

图 2-60 "积累"和"仅当前帧"显示模式

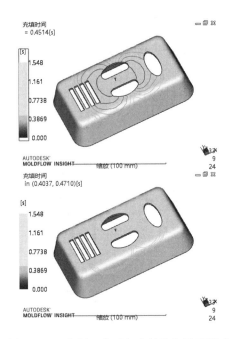

图 2-61 "图形属性"的"比例"选项卡

图 2-62 "图形属性"的"网格显示"选项卡

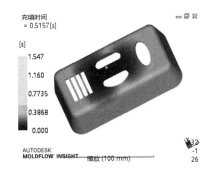

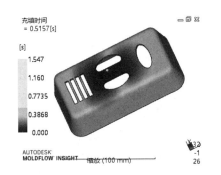

图 2-63 "关"显示模式

图 2-64 "特征线"显示模式

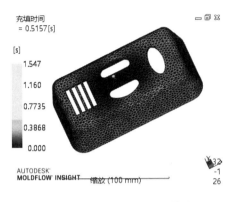

图 2-65　"单元线"显示模式　　　　　　图 2-66　"透明"显示模式

⑤ "选项设置"选项卡：如图 2-67 所示，可以设置结果图的阴影显示形式和颜色显示效果。

⑥ "变形"选项卡：只有在翘曲变形分析结果图属性中才有此选项卡，如图 2-68 所示。可以对结果图的"颜色"、"比例因子"和"收缩补偿"等进行相应的设置。

图 2-67　"图形属性"的"选项设置"选项卡　　图 2-68　"图形属性"的"变形"选项卡

（2）曲线图的属性共有三个选项卡，具体功能如下。

① "XY 图形属性（1）"选项卡：如图 2-69 所示，可以对"独立变量"、"特征"、"图例位置与尺寸"和"曲线"等项进行设置。

② "XY 图形属性（2）"选项卡：如图 2-70 所示，可以自定义 X、Y 轴数值的范围，图形标题及 X、Y 轴的标题。

③ "网格显示"选项卡：对话框及功能同图 2-62。

图 2-69　"XY 图形属性（1）"选项卡　　　　　图 2-70　"XY 图形属性（2）"选项卡

#### 6．保存默认值

选择"保存整体图形的属性"命令可以保存已经改变的图形属性，如图 2-71 所示，再选择"保存当前结果的属性"命令，即可将当前设置的图形属性保存为默认值，同时也应用到其他的图形属性。

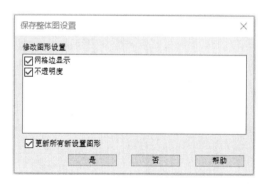

图 2-71　"保存整体图设置"对话框

#### 7．动画

"动画"可以动态播放分析的结果，上方从左到右每个工具命令功能依次为：向后、向前、动画播放、暂停、停止播放、循环播放、回弹播放动画。下方的工具命令功能为动画控制。

#### 8．检查

"检查"可以通过鼠标选择模型（实体或曲线等）结果图来实时查询选择处的结果值，如需对实体图不同位置的数值进行比较，则按住键盘上 Ctrl 键选取需要查询的多个位置即可，如图 2-72 和图 2-73 所示。

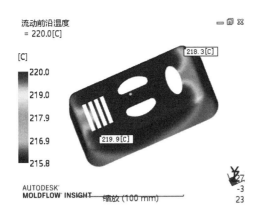

图 2-72　"流动前沿温度"结果查询

图 2-73　"锁模力"结果查询

### 9. 设置比例

通过"设置比例"可以设置结果的比例，图 2-74 所示为"结果比例"设置框。

图 2-74　"结果比例"设置框

### 10. 翘曲可视化和恢复原始状态

"可视化"和"恢复"命令只有在完成了翘曲分析后才被激活。前者可以实时查看翘曲变形情况，选择后会弹出如图 2-75 所示对话框，选择"平移"选项，在"位移（x,y,z）"栏中输入"0 60"可以得到如图 2-76 所示翘曲平移结果图。而后者将模型恢复到原始状态。

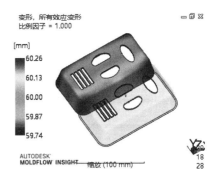

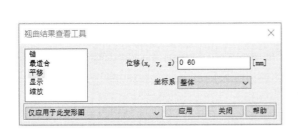

图 2-75　"翘曲结果查看工具"对话框

图 2-76　翘曲平移结果图

## 2.3.9　报告

如图 2-77 所示，"报告"菜单可以生成、编辑报告，部分菜单命令要在生成报告后才被激活。

图 2-77　"报告"菜单命令

### 1. 报告向导

"报告向导"具体操作步骤如下。

Step1：选择该命令会弹出如图 2-78 所示"报告生成向导-方案选择"对话框，根据需要从"可用方案"框中选择相应方案，通过"添加"按钮添加到右侧"所选方案"框中。（也可以利用"删除"按钮将所选方案删除。）

Step2：单击"下一步"按钮，显示如图 2-79 所示"报告生成向导-数据选择"对话框，从左侧"可用数据"框中将需要生成报告的结果选项添加到右侧"选中数据"框中。（也可以利用"删除"按钮将所选数据删除。）

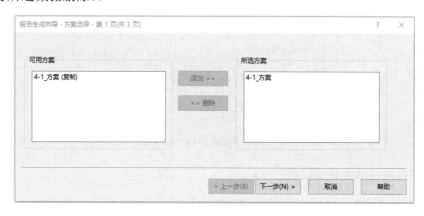

图 2-78　"报告生成向导-方案选择"对话框

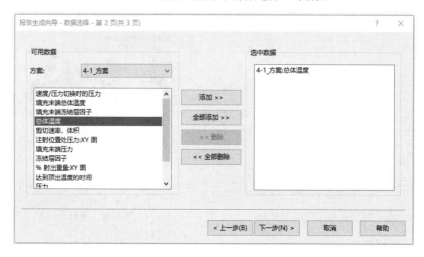

图 2-79　"报告生成向导-数据选择"对话框

Step3：单击"下一步"按钮，显示如图 2-80 所示"报告生成向导-报告布局"对话框。

图 2-80　"报告生成向导-报告布局"对话框

"报告格式"包括 HTML 和 Microsoft PowerPoint 两种格式，HTML 格式一般为标准默认模板，Microsoft PowerPoint 格式可以调用用户创建的模板。

"报告模板"包括"标准模板"和"用户创建的模板"。

"封面属性"对话框如图 2-81 所示。

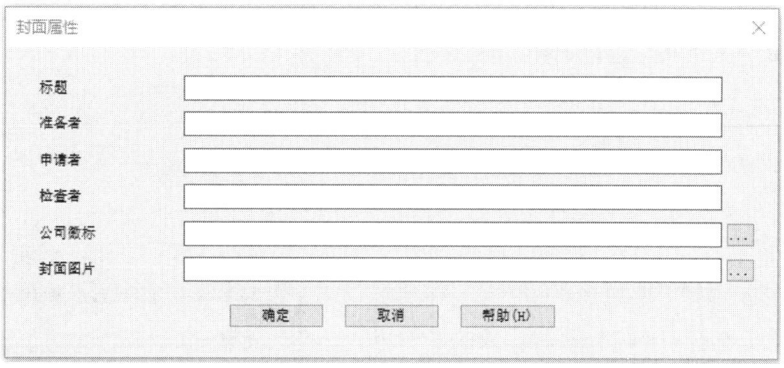

图 2-81　"封面属性"对话框

"项目细节"可以对"报告项目"中的项目细节及其相关属性进行相应的设置或编辑，不同的项目细节有所不同。

Step4：单击"生成"按钮即可生成报告，并在工程管理区中显示。

## 2．编辑报告

"编辑报告"可以直接打开报告生成向导对话框，过程同"报告向导"操作步骤。

## 3．封面

"封面"可以生成或编辑已生成报告的封面。当只有一个报告时，会弹出如图 2-81 所示"封面属性"对话框；当已有多个报告时，会弹出如图 2-82 所示"选择工程项目"对话框，选择相应的报告再进行封面属性的创建或编辑。

## 4．文本

可以在如图 2-83 所示"添加文本块"对话框的"描述文本"栏中输入相应的文本，然后将其添加到已经生成的报告中。

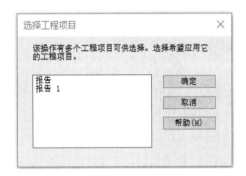

图 2-82    "选择工程项目"对话框          图 2-83    "添加文本块"对话框

## 5．图像

"图像"可以将需要的结果图像添加到已经生成的报告中，"添加图像"对话框及"屏幕截图属性"设置框分别如图 2-84 和图 2-85 所示。

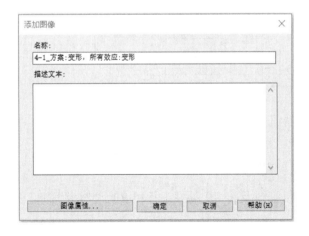

图 2-84    "添加图像"对话框          图 2-85    "屏幕截图属性"设置框

### 6．动画

"动画"可以根据需要将分析结果的动画添加到已经生成的报告中，"添加动画"对话框及"动画属性"设置框分别如图 2-86 和图 2-87 所示。

图 2-86　"添加动画"对话框 　　　　　　　　图 2-87　"动画属性"设置框

### 7．查看

"查看"可以在 Moldflow 模型显示区中打开生成的报告。

### 8．打开

"打开"直接以网页页面打开生成的报告。

## 2.3.10　开始并学习

本菜单命令如图 2-2 所示，可以通过"这里开始"、"教程"、"视频"和"帮助"等帮助用户全面地掌握 AMI 软件的功能。

# 2.4　Moldflow 分析流程

利用 AMI 进行注射分析的基本流程包括分析前处理、分析处理和分析后处理，如图 2-88 所示。分析前处理包括模型建立和参数（边界条件）设定，该部分主要由设计人员操作。分析后处理主要由计算机通过计算分析完成，然后根据分析结果按照要求制作分析报告等。

## 2.4.1　分析前处理

### 1．模型建立

在 Moldflow 分析中，首先建立一个工程（文件夹），分析过程中的文件都保存在该工程中，便于文档管理；然后导入一个三维数据模型（如有必要，可通过 CAD Doctor 进行一定的修复和简化）；再对模型进行合理的网格划分，根据统计结果对有缺陷的网格进行修补完善。

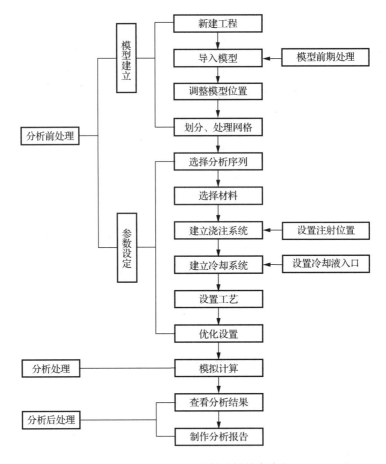

图 2-88  Moldflow 注射分析基本流程

**2. 参数设定**

在模型网格划分完后，按照实际要求设定相应参数，如分析序列、材料和工艺等，还要根据注射模具总体方案建立相应的浇注系统、冷却系统等。

## 2.4.2  分析处理

分析前处理完成后，就可以根据设定的分析序列由系统自动进行模拟计算了。

## 2.4.3  分析后处理

分析处理完成后会产生相应结果，我们经常用到的有最佳浇口位置、温度场、压力场、翘曲变形、熔接痕、气穴、锁模力、冻结因子等。

# 2.5  Moldflow 基本分析应用

下面以如图 2-1 所示模型为例，阐述应用 Moldflow 进行浇口位置分析和填充分析的基本流程。

## 2.5.1　浇口位置分析

### 1．新建工程

启动 AMI，单击工具栏中的"新建工程"按钮或双击工程管理区的" 新建工程…"图标，弹出如图 2-89 所示"创建新工程"对话框，指定"创建位置"的文件路径，并在"工程名称"栏中输入"2-1"，单击"确定"按钮创建一个新工程。此时在工程管理区中会显示"2-1"的工程，如图 2-90 所示。

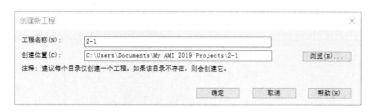

图 2-89　"创建新工程"对话框

图 2-90　工程管理区

### 2．导入模型

单击工具栏中的"导入"按钮，进入模型导入对话框，选择"实例模型\chapter2\2-1.stl"，单击"打开"按钮，系统弹出如图 2-91 所示"导入"对话框，选择"Dual Domain"（双层面）网格类型，尺寸单位采用默认的"毫米"，单击"确定"按钮，导入如图 2-92 所示模型。此时，任务区中列出了默认的分析任务和初始设置等，如图 2-93 所示。

图 2-91　"导入"对话框

图 2-92　导入模型

【提示】可以根据分析需要对模型的网格类型和单位进行相应的选择。

### 3．调整模型位置

选择主菜单"几何"，单击工具栏中的"移动"右侧黑三角后选择"旋转"命令，弹出如图 2-94 所示"旋转"对话框，在"输入参数"区的"选择"栏中选取模型，在"轴"栏中选择"X 轴"选项，在"角度"栏中输入"90"，选择"移动"单选项，然后单击"应用"按钮，完成如图 2-95 所示旋转结果。

图 2-93　任务区

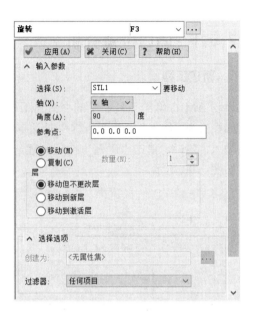

图 2-94　"旋转"对话框

### 4．划分、处理网格

Step1：网格划分。选择主菜单"网格"，单击工具栏中的"生成网格"按钮或双击任务区的"✎ 创建网格…"图标，弹出如图 2-96 所示"生成网格"对话框，在"全局边长"栏中输入"4"，单击"立即划分网格"按钮，系统将自动对模型进行划分，完成如图 2-97 所示网格模型。此时在图层管理区中增加了新建节点层和新建三角形层，如图 2-98 所示。

图 2-95　旋转结果

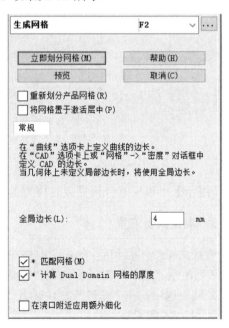

图 2-96　"生成网格"对话框

图 2-97　网格模型

图 2-98　图层管理区

Step2：网格诊断。网格诊断的目的是检验出模型中存在的不合理网格，将其修改成合理网格，便于 Moldflow 顺利求解。单击工具栏中的"网格统计"按钮，弹出如图 2-99 所示"网格统计"对话框，在"单元类型"栏中选择"三角形"选项，单击"显示"按钮，系统弹出如图 2-100 所示"三角形"统计信息框。

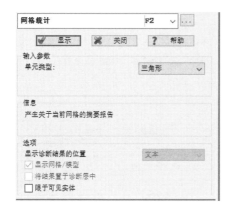

图 2-99　"网格统计"对话框

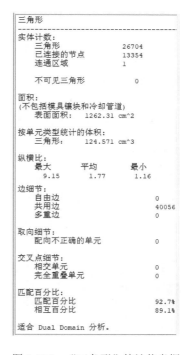

图 2-100　"三角形"统计信息框

【说明】"三角形"统计信息框显示模型除纵横比范围为 1.16～9.15 外，其他统计项如自由边、多重边、配向不正确的单元、相交单元和完全重叠单元个数均为 0，匹配率达到 92.7%，均符合计算要求。

## 5. 选择分析序列

Moldflow 提供了很多的分析序列，一般来说，对于新产品和不能确定浇口位置的塑件，我们首先选择"浇口位置"分析序列，目的是找出塑件的最佳浇口位置，然后创建相应的浇注系统，再进行其他的分析。

选择"主页"菜单，单击"分析序列"按钮或双击任务区的"✓📋 填充"图标，系统弹出如图 2-101 所示"选择分析序列"对话框，选择"浇口位置"选项，单击"确定"按钮，此时任务区的"📋 填充"图标变为"📋 浇口位置"图标，如图 2-102 所示。

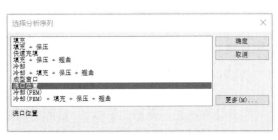

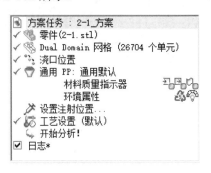

图 2-101　"选择分析序列"对话框　　　　　　　　图 2-102　任务区

### 6. 选择材料

任务区的材料栏显示"💎 通用 PP：通用默认"图标，这里采用默认的 PP 材料。

### 7. 设置注射位置

浇口位置分析中不需要设置注射位置。

### 8. 设置工艺

单击"主页"菜单下"工艺设置"按钮或双击任务区的"📊 工艺设置（默认）"图标，弹出如图 2-103 所示"工艺设置向导-浇口位置设置"对话框，本例采用默认工艺。

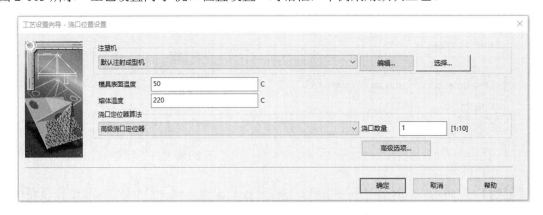

图 2-103　"工艺设置向导-浇口位置设置"对话框

### 9. 分析处理

单击"主页"菜单下"分析"按钮或双击任务区的"🔄 开始分析！"图标，系统弹出如图 2-104 所示对话框，单击"确定"按钮，AMI 求解器开始执行计算分析。

图 2-104　"选择分析类型"对话框

### 10．分析结果

计算完成后会弹出如图 2-105 所示"分析完成"提示框，单击"确定"按钮，在任务区的"结果"列表中会显示出分析结果。我们可以勾选任务区的"日志"复选框，从如图 2-106 所示分析日志结果中可以看到"建议的浇口位置有：靠近节点=5009"。同时在工程管理区中复制出如图 2-107 所示"2-1_方案（浇口位置）"的模型，最佳浇口位置模型如图 2-108 所示。

图 2-105　"分析完成"提示框

图 2-106　分析日志结果

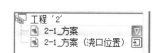

图 2-107　复制的浇口位置模型

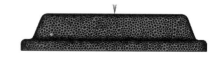

图 2-108　最佳浇口位置模型

## 2.5.2　填充分析

双击工程管理区的"2-1_方案（浇口位置）"模型。

### 1．选择分析序列

采用默认的"填充"分析。

### 2．选择材料

这里继承模型中的默认材料。

### 3．设置工艺

本例仍采用默认工艺。

**4．分析处理**

双击任务区的"↳ 开始分析！"图标，系统弹出信息对话框，单击"确定"按钮，AMI 求解器开始执行计算分析。

**5．分析结果**

计算完成后，AMI 生成大量的文字、图像和动画结果，分类显示在任务区中，如图 2-109 所示，可以按照需要勾选复选框查看相应的结果，其中充填时间、流动前沿温度、压力、气穴及锁模力:XY 图分别如图 2-110～图 2-114 所示，另外所列结果由于篇幅所限，不再一一列出。

图 2-109　分析结果列表

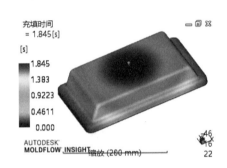

图 2-110　充填时间

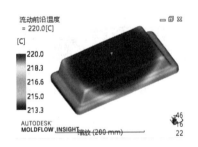

图 2-111　流动前沿温度

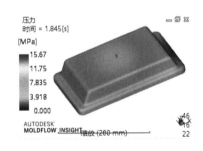

图 2-112　压力

图 2-113　气穴

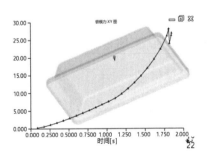

图 2-114　锁模力:XY 图

### 6. 生成报告

Step1：单击"报告"菜单下"报告向导"按钮，弹出如图 2-115 所示"报告生成向导-方案选择"对话框，本例中"所选方案"框中已经存在该方案，不需另外从"可用方案"框中添加。

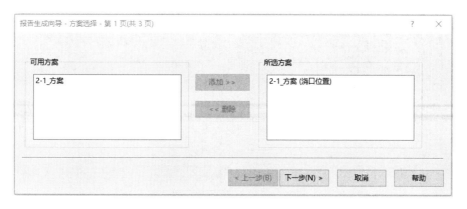

图 2-115　"报告生成向导-方案选择"对话框

Step2：单击"下一步"按钮，显示如图 2-116 所示"报告生成向导-数据选择"对话框，从左侧"可用数据"框中将图示选项添加到右侧"选中数据"框中。

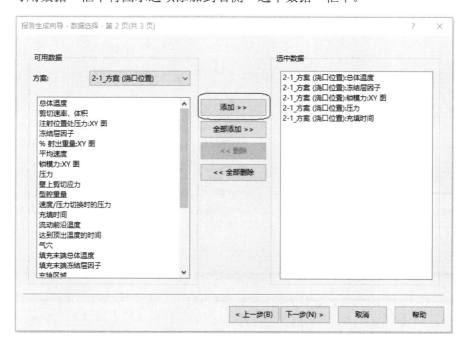

图 2-116　"报告生成向导-数据选择"对话框

Step3：单击"下一步"按钮，显示如图 2-117 所示"报告生成向导-报告布局"对话框，单击"生成"按钮即可生成报告，在工程管理区中会显示"报告（HTML）"。

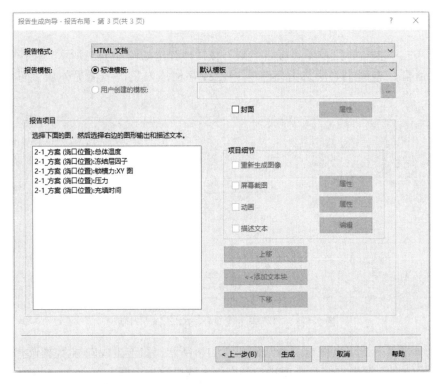

图 2-117  "报告生成向导-报告布局"对话框

# 第3章 》》》》》
# 模型处理与导入

通过本章的学习，了解应用 CAD Doctor 软件进行模型修复和简化操作的步骤，熟练运用 Moldflow 软件进行新建工程和导入模型操作，掌握模型在 Moldflow 系统坐标系中的方位要求和调整方法。

| 主 要 项 目 | 知 识 要 点 |
| --- | --- |
| CAD Doctor 模型修复和简化 | 利用 CAD Doctor 进行模型修复和简化的流程与设置 |
| Moldflow 模型导入 | Moldflow 新建工程、模型导入及其方位要求 |

图 3-1 所示为塑件 IGS 模型（见"实例模型\chapter3\3-1.igs"），尝试应用 CAD Doctor 进行必要的修复和简化后，导入 Moldflow 软件，并将其调整至符合要求的方位。

图 3-1 塑件 IGS 模型

在应用 Moldflow 软件进行模拟分析前，必须准备好相应的模型，模型的创建主要由两种方法：第一种在 Moldflow 中应用建模功能直接创建新模型，该方法由于 Moldflow 软件建模功能所限，创建效率和效果比 CAD 软件差些；第二种导入其他 CAD 软件中创建好的模型，由于

Moldflow 与其他 CAD 软件具有很好的数据接口，因此大多情况使用本方法。

能被 Moldflow 导入的模型格式如图 3-2 所示，常用的有 STL、IGS 或 STP 等格式。

```
所有模型                                    ∨
所有模型                                    ∧
Stereolithography (*.stl)
Moldflow MFL (*.mfl)
Moldflow 3D (*.m3i)
C-MOLD (*.cmf)
Autodesk Inventor 零件 (*.ipt)
Autodesk Inventor 部件 (*.iam)
Moldflow 方案文件 (*.sdy)
MPI 2.0 工程(moldflow.prj)
IDEAS Universal (*.unv)
Ansys Prep 7 (*.ans)
Nastran (*.nas)
Nastran Bulk Data Format 7 (*.bdf)
Patran (*.pat)
Patran out (*.out)
Fem (*.fem)
IGES (*.igs,iges)
Parasolid (*.x_t,x_b)
SAT(v4~7) (*.sat)
Pro/E 零件 (*.prt,prt.*)
Pro/E 部件 (*.asm,asm.*)
JT (*.jt)
SolidWorks 零件 (*.sldprt)
SolidWorks 部件 (*.sldasm)
CATIA V5 零件 (*.catpart)
CATIA V5 部件 (*.catproduct)
STEP (*.stp,step)
NX (*.prt)
Rhino (*.3dm)
Alias (*.wire)                             ∨
```

图 3-2　能被 Moldflow 导入的模型格式

但是，一方面由于各种主流 3D 软件之间的内核不同及精度存在差异，使得它们的模型输出后在 Moldflow 中进行网格划分时不可避免地出现自由边或网格重叠相交等错误，给分析前处理带来困难。另一方面为了减少在 Moldflow 中模型修复的工作量，在模型导入 Moldflow 之前去除一些不影响分析结果的小特征，如圆角、倒角、台阶、凸台/筋位（网格划分时会出现网格纵横比大、匹配率低等问题）等，这样大大提高后续的分析效率，因此在模流分析前通常要用 CAD Doctor 对产品进行一定的处理。

# 3.1　CAD Doctor 模型修复和简化

CAD Doctor（全名为 Autodesk Moldflow CAD Doctor）是一款模型准备工具，可以帮助我们检查、修复、调整和简化实体模型或 IGES 曲面模型，通过与 MDL 结合，CAD Doctor 可导入目前所有主流的三维 CAD/CAM 软件所生成的 3D 模型。CAD Doctor 生成的高质量的实体或曲面模型可以直接导入 AMI 或 AMA 以便于快速地构建出高质量的有限元网格模型。

Moldflow 中模型特征简化参考值参见表 3-1。

表 3-1　Moldflow 中模型特征简化参考值

单位：mm

| 制 件 类 型 | 圆角 $R$ | 倒角 $C$ | 孔 $\varphi$ | 台阶 $H$ | 柱子 $\varphi$ | 凸凹面 $H$ | 备　　注 |
|---|---|---|---|---|---|---|---|
| 大型制品 | 0.5t | 0.5t | 3 | 1 | 3 | 0.5 | 表中数据为去除特征最大值，$t$ 为制品壁厚 |
| 中型制品 | 0.5t | 0.5t | 2 | 1 | 2 | 0.5 | |
| 精密制品 | 0.5t | 0.5t | 1 | 0.5 | 1 | 0.3 | |

下面以如图 3-1 所示引例模型为例介绍运用 CAD Doctor 进行模型修复和简化的过程。

Step1：导入模型。打开 CAD Doctor 软件，选择"文件-导入"命令或单击 按钮，找到模型"实例模型\chapter3\3-1.igs"，显示如图 3-3 所示界面。

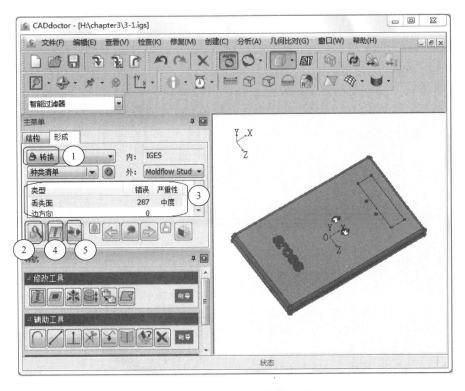

图 3-3　CAD Doctor 软件界面

Step2：修复模型。在图 3-3 中"转换"（①）模式下，单击"检查"（②）按钮，找出需要修复的特征（如自由边、间隙、自相交、丢失面等）并统计（③中数据"287"），在模型上显示出来，然后单击"自动缝合"（④）按钮，弹出如图 3-4 所示对话框，"容差"可以根据需要自己定义，单击"试运行"按钮会弹出如图 3-5 所示对话框，单击"执行"按钮即可完成修复。

【提示】如果用默认的容差修复不完全（所有统计的错误数据必须为 0），则可尝试把容差调大再次缝合，最大不超过产品允许的公差最大值，也可以继续通过"修复"（⑤）按钮或手工操作完成修复。

图 3-4　自动缝合对话框　　　　　　图 3-5　试运行自动缝合后对话框

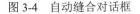

Step3：切换模式。切换到"简化"（①）模式，如图 3-6 所示。

Step4：简化特征。首先根据产品实际情况，可将相应的特征（②中特征，如图 3-7 所示）修改"阈值"，这里在"圆角"上单击鼠标右键，选择快捷菜单中的"修改阈值"命令，弹出如图 3-8 所示对话框，将最大值设为"1"。

接着单击"检查所有圆角"(③)按钮会将 0～1mm 的圆角统计(如图中数量为"10")出来,并在模型上高亮显示出来。

然后单击"删除所有(圆角)"(④)按钮,即可将统计出来的圆角全部删除。[也可以利用"移除(圆角)"(⑤)按钮和"下一个"(⑥)按钮有选择地移除相应的圆角。]

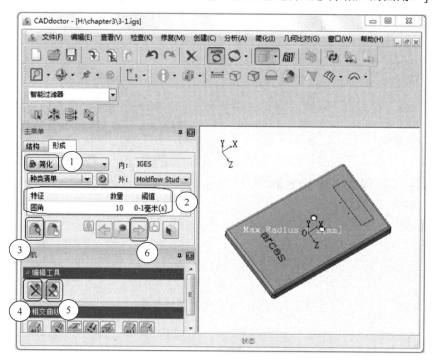

图 3-6　简化模式界面

图 3-7　特征清单

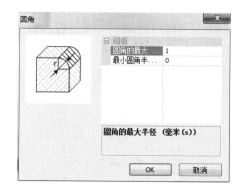

图 3-8　"圆角"阈值设置对话框

同以上步骤,可以根据需要设置"倒角""圆孔""台阶"等特征的阈值,并进行相应的简化。

【提示】特征阈值可参照表 3-1 中情况进行相应设置。

Step5：导出模型。简化完毕后，切换到"转换"模式，确认图 3-3 中③中项目统计数据均为 0 时，即可选择"文件-导出"命令或单击 按钮，保存到相应路径下，完成模型的修复和简化。

# 3.2　Moldflow 模型导入

## 3.2.1　新建工程

在进行模型分析之前，首先应创建一个新工程（定义工程名和位置），以便于文档管理，在一个工程里可以对同一个模型进行多方案的分析比较，也可以导入多个不同的模型进行分析优化。

Step1：单击工具栏中的"新建工程"按钮或双击如图 3-9 所示工程管理区的"新建工程…"图标，弹出如图 3-10 所示"创建新工程"对话框，可以定义"工程名称"（文件夹）及其"创建位置"（存放文件夹位置）。

Step2：单击"确定"按钮，完成创建。

图 3-9　工程管理区　　　　　　　　　图 3-10　"创建新工程"对话框

## 3.2.2　导入模型

Step1：单击"导入"按钮，弹出模型导入对话框，找到模型所在位置（这里导入 3.1 节 CAD Doctor 处理后的模型"实例模型\chapter3\3-1_out.sdy"）。

Step2：单击"打开"按钮后导入模型，同时工程管理区、任务区、图层管理区和模型显示区会加载、显示相应的参数。

## 3.2.3　调整模型位置

模型导入 Moldflow 软件后，在进行后续操作之前，应根据模型的分型面和脱模顶出方向来确定其在软件系统坐标系中的位置，其位置关系应如图 3-11 所示符合以下两项要求。

（1）分型面位于系统坐标系 XY 平面内。

（2）顶出方向与系统坐标系 Z 轴方向一致。

因此，本模型不满足以上位置条件，需要通过相应命令对模型进行调整。

Step1：选择"几何-移动"中的"旋转"命令，弹出如图 3-12 所示对话框，选择打开的模型，绕 X 轴旋转 90°（详细操作见 5.5 节）。

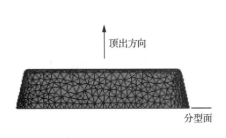

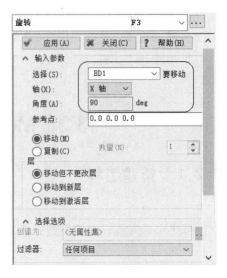

图 3-11 模型位置 　　　　　　　　图 3-12 "旋转"对话框

Step2：单击"应用"按钮，完成如图 3-13 所示的模型旋转，满足位置要求。

图 3-13 调整后位置

# 第4章 》》》》》
# 网格划分与处理

**教学目标**

通过本章的学习，了解网格类型及网格处理流程，熟悉各种网格工具命令的功能，熟练运用网格工具进行网格划分、统计、诊断和修复，掌握 Moldflow 软件进行网格处理的方法和技巧。

**教学内容**

| 主 要 项 目 | 知 识 要 点 |
| --- | --- |
| 网格类型 | Moldflow 中网格的类型及其特点、适用场合 |
| 网格划分与统计 | 网格划分的基本要求、网格的划分操作、网格信息中各项含义及数值要求 |
| 网格处理 | 网格诊断操作、网格修复方法的选择 |
| 网格诊断与修复实例 | 实际操作中的技巧和方法 |

**引例**

网格划分与处理是 Moldflow 分析前处理中的主要内容之一，也是进行浇注系统、冷却系统、工艺设置及分析处理的基础。

根据如图 4-1 所示塑件 STL 模型（见"实例模型\chapter4\4-1.stl"）的尺寸、结构选取适当的网格类型，然后进行网格划分、统计，并诊断出有缺陷的网格，最后选用合适的命令进行修复，使其符合分析的要求。

图 4-1　塑件 STL 模型

# 4.1　网　格　类　型

注射成型 CAE 软件中采用的有限元法就是利用假想的线或面将连续介质的内部和边界分割成有限大小、有限数目、离散的单元来研究的。这样，就把原来一个连续的整体简化成有限个单元的体系，从而得到真实结构的近似模型，最终的数值计算就是在这个离散化的模型上进行的。直观上，物体被划分成网格状，在 CAE 中我们就将这些单元称为网格。

正因为网格是整个数值模拟计算的基础，所以网格的划分和处理在整个注射成型 CAE 分析中占有很重要的地位。

在 Moldflow 软件中，模型划分生成的网格主要有以下三种类型，如图 4-2 所示。

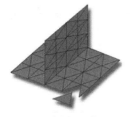　　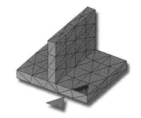　　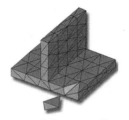

（a）中性面网格　　　　　　　　（b）双层面网格　　　　　　　（c）实体（3D）网格

图 4-2　模型网格类型

## 4.1.1　中性面网格

中性面流技术的应用始于 20 世纪 80 年代，其数值方法主要采用基于中性面的有限元/有限差分/体积控制法。由 CAE 软件直接读取 CAD 模型，自动分析出塑件的中间模型，并在模型壁厚的中间处生成由三节点的三角形单元组成单层网格，在创建网格过程中要实时提取模型的壁厚信息，并赋予相应的三角形单元。利用该二维平面三角形网格进行有限元计算，计算出各时段的温度场、压力场，用有限差分法计算厚度方向上的温度变化，用体积控制法追踪流动前沿，将最终分析计算的结果在中性面模型上显示出来。但是忽略了熔体在厚度方向上的速度分量，并假定熔体中的压力不沿厚度方向变化，实际上中性面模型将三维流动问题简化为二维问题和厚度方向上的一维分析。

由此可见，中性面模型已经成为注射模 CAD/CAE/CAM 技术发展的瓶颈，采用实体/表面模型来取代中性面模型势所必然，在 20 世纪 90 年代后期基于双层面流技术的流动模拟软件便应运而生。

## 4.1.2　双层面网格

与中性面网格不同，双层面网格创建在模型的上下两层表面上，而不是在中性面上。相应地，与基于中性面的有限差分法在中性面两侧进行不同，厚度方向上的有限差分法仅在表面内侧进行。在流动过程中上下两层表面的塑料熔体同时并且协调地流动。因此，双层面流技术所应用的原理和方法与中性面流技术没有本质上的差别，所不同的是，双层面流技术采用了一系列相关的算法，将沿中性面流动的单股熔体演变为沿上下表面协调流动的双股流。由于上下表面处的网格无法一一对应，而且网格形状、方位与大小也不可能完全对称，如何将上下对应表面的熔体流动前沿所存在的差别控制在工程上所允许的范围内是实施双层面流技术的难点所在。但是熔体仅沿着上下表面流动，在厚度方向上未作任何处理，缺乏真实感。因此，从某种意义上讲，双层面流技术只是一种从二维半数值分析（中性面流）向三维数值分析（实体流）过渡的手段。

## 4.1.3　实体（3D）网格

实体网格由四节点的四面体单元组成，每一个四面体单元又是由四个中性面模型中的三角形单元组成的。实体流技术在实现原理上仍与中性面流技术相同，所不同的是，数值分析方法有较大差别。在实体流技术中，熔体厚度方向上的速度分量不再被忽略，熔体的压力随厚度方向变化，这时只能采用实体网格，依靠三维有限差分法或三维有限元法对熔体的充模流动进行数值分析。因此，与中性面流或双层面流相比，基于实体流的注射流动模拟软件目前所存在的最大问题是计算量巨大、计算时间过长。

三种模型网格类型在技术上各有特点，具体比较见表 4-1。在实际工程应用中，根据塑件的具体结构和壁厚情况，采用较为合适的分析模型，以最快的速度获得相对准确和满意的分析结果。

表 4-1　三种模型网格类型比较

| 模型网络类型 | | 划 分 方 法 | 优　点 | 缺　点 | 适 用 场 合 |
|---|---|---|---|---|---|
| 中性面网格 | | 抽取塑件的中性面，然后在中性面上划分网格 | 网格单元少，分析速度快，计算效率高 | 中性面抽取困难，分析精度低 | 壁厚较均匀的薄壳类塑件 |
| 双层面网格 | | 抽取塑件的表面作为模具的型芯型腔面，然后进行网格划分 | 无须抽取中性面，分析处理更具真实感 | 零件上下表面上的网格要求一定的对应关系，网格划分要求高 | 特征较复杂的薄壳类塑件 |
| 实体（3D）网格 | | 直接在 3D 模型上进行有限元网格划分 | 计算精度高 | 网格单元数量大，运算效率低 | 厚壁或厚度变化较大类塑件 |

# 4.2 网格划分与统计

## 4.2.1 网格划分

下面以本章引例模型为例，说明双层面网格划分过程。

### 1. 打开模型

启动 AMI，新建工程后导入引例模型"实例模型\chapter4\4-1.stl"，单击"打开"按钮，打开如图 4-3 所示模型。

### 2. 生成网格

Step1：选择"网格-生成网格"命令或双击任务区的"<img> 创建网格..."图标，又或者在任务区的"<img> 创建网格..."图标上单击鼠标右键，再选择快捷菜单中的"生成网格"命令（如图 4-4 所示），弹出如图 4-5 所示"生成网格"对话框。

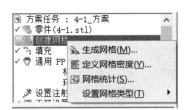

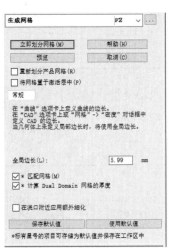

图 4-3 "4-1"STL 模型    图 4-4 创建网格快捷菜单    图 4-5 "生成网格"对话框

"重新划分产品网格"复选框：对窗口中已经存在的网格模型重新进行网格划分。

"将网格置于激活层中"复选框：将划分好的网格放在活动层中。

"全局边长"栏：设定网格单元的边长。

【应用】在"全局边长"栏中输入希望网格大小，网格大小会对计算精度产生一定的影响，如图 4-6 所示。AMI 一般会推荐一个网格边长值，但不一定适用，为保证基本分析精度，网格边长一般选取为最小塑件壁厚的 1.5～2 倍（网格设定过小会大大增加计算量）。在平直区域，网格大小和设定边长一致，而在曲面、圆弧及其他细节处，AMI 会自动调小边长值。

"匹配网格"复选框：可定义曲面或转角处边缘角的弦高值（如图 4-7 中的 $h$），以控制该处网格形状。

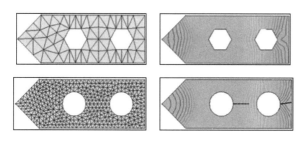

图 4-6　网格大小对计算精度的影响　　　　　图 4-7　弦高示意图

**Step2**：根据需要设定相应参数后，单击"立即划分网格"按钮即可生成如图 4-8 所示网格模型，同时任务区的"🖉创建网格..."图标变成"✓🖉Dual Domain 网格（7100 个单元）"图标，即表示网格类型为双层面网格，单元数为 7100 个。

如图 4-4 所示创建网格快捷菜单中其他几个命令功能如下。

（1）"定义网格密度"：同菜单"网格-密度"命令，选择后会弹出如图 4-9 所示"定义网格密度"对话框，可以根据不同的网格类型设置网格密度。

（2）"网格统计"：同菜单"网格-网格统计"命令，参见 4.2.2 节内容。

（3）"设置网格类型"：同"网格"菜单下"Dual Domain"右侧黑三角下网格类型，可以对导入的模型重新设置网格类型，有中性面、双层面和 3D 三个选项。

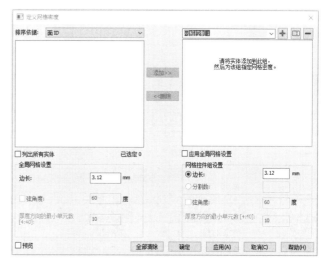

图 4-8　网格模型　　　　　　　图 4-9　"定义网格密度"对话框

## 4.2.2　网格统计

网格划分完成后，一般均需对网格信息进行查看，以检验模型网格细节是否符合分析要求，如有不符合要求的，需要对网格进行诊断并修改至分析要求，以保证分析结果的准确性。

**Step1**：选择"网格-网格统计"命令，弹出如图 4-10 所示"网格统计"对话框。

**Step2**：在对话框的"单元类型"栏中选择"三角形"选项（还有"柱体""四面体"等选项）。

**Step3**：单击"显示"按钮，弹出如图 4-11 所示"三角形"统计信息框。

图 4-10 "网格统计"对话框

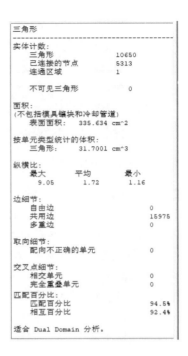

图 4-11 "三角形"统计信息框

不同网格类型对统计信息的要求不一样，具体见表 4-2。

表 4-2 不同网格类型统计信息要求

| 名 称 | 内 容 | 简 介 | 数 值 | | |
|---|---|---|---|---|---|
| | | | 双 层 面 | 中 性 面 | 3D |
| 实体计数 | 四面体 | 3D 网格个数 | 无 | 无 | 有 |
| | 三角形 | 三角形单元个数 | 有 | 有 | 无 |
| | 已连接的节点 | 节点个数 | 有 | 有 | 有 |
| | 连通区域 | 模型连通区域的个数，如模型连通性存在问题，则该值有可能大于 1 | 必须=1 | 必须=1 | 必须=1 |
| | 不可见三角形 | 不可见三角形个数 | 0 | 0 | 0 |
| 面积 | 表面面积 | 网格的面积 | 有 | 有 | 无 |
| 体积 | 三角形/四面体 | 网格的体积 | 有 | 有 | 有 |
| 纵横比 | 最大 | 三角形最长边与其上的高之比（如图 4-12 中所示 *a/b*） | ≤6（纵横比最小值经验值取 5~15，特殊结构或大制品可以放宽到 20） | 同双层面 | 5<50，平均 15 |
| | 平均 | | | | |
| | 最小 | | | | |
| 边细节（如图 4-13 所示） | 自由边 | 指一个三角形或 3D 单元的某一边没有与其他单元共用 | 必须=0 | 肯定≠0 | 必须=0 |
| | 共用边 | 两个三角形或 3D 单元共用一条边 | 肯定≠0 | 肯定≠0 | |
| | 多重边 | 两个以上三角形或 3D 单元共用一条边 | 必须=0 | 可=0 或≠0 | |

续表

| 名　称 | 内　容 | 简　介 | 数　值 | | |
|---|---|---|---|---|---|
| | | | 双 层 面 | 中 性 面 | 3D |
| 取向细节 | 配向不正确的单元 | 单元具有方向性，单元的正法线方向为 Top，反向为 Bottom | 必须=0 | 必须=0 | 必须=0 |
| 交叉点细节（如图 4-14 所示） | 相交单元 | 不同平面上单元相互交叉 | 必须=0 | 必须=0 | 必须=0 |
| | 完全重叠单元 | 同一个平面内单元完全重叠 | 必须=0 | 必须=0 | 必须=0 |
| 匹配百分比（如图 4-15 所示） | 匹配百分比 | 壁厚两侧对应单元互为匹配的百分比 | 填充、保压分析>85%<br><br>变形分析>90% | | |
| | 相互百分比 | 匹配单元完全对应的百分比 | | | |

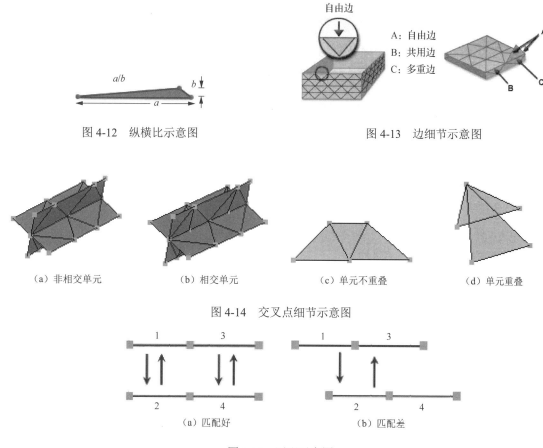

图 4-12　纵横比示意图

图 4-13　边细节示意图

图 4-14　交叉点细节示意图

（a）非相交单元　　（b）相交单元　　（c）单元不重叠　　（d）单元重叠

（a）匹配好　　（b）匹配差

图 4-15　匹配示意图

　　其中，纵横比对分析计算结果影响较大，三角形网格最佳的形状为正三角形（纵横比值约为 1.62），但在模型某些细节处划分的网格通常很难达到正三角形的要求，只有通过三角形单元的修复功能，尽可能使纵横比减小。

　　根据网格要求和统计信息，我们可以基本判断网格中存在的缺陷，其中有的缺陷网格可以通过模型直观显示，而有的缺陷网格无法直观显示出来，因此需要通过专门的诊断工具来查找到缺陷的网格，以便进行相关的修复和处理。

4.3 节和 4.4 节就围绕网格缺陷介绍网格的诊断和修复。

# 4.3　网　格　诊　断

下面还是以本章引例模型为例，说明双层面网格诊断过程。

单击"网格"菜单下"网格诊断"右侧黑三角，出现如图 4-16 所示"网格诊断"工具栏，主要命令操作步骤和功能介绍如下。

图 4-16　"网格诊断"工具栏

## 4.3.1　纵横比

本命令用于诊断网格纵横比的大小，具体操作如下。

Step1：选择本命令会弹出如图 4-17 所示"纵横比诊断"对话框。

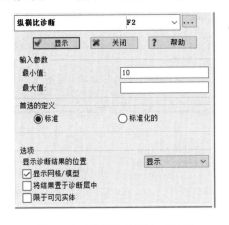

图 4-17　"纵横比诊断"对话框

Step2：在"输入参数"区中输入需要诊断的最小和最大纵横比数值，这里在"最小值"栏中输入"10"。

【提示】一般"最大值"一栏可不输入数值，这样可以诊断出所有纵横比大于最小值的网格单元。

Step3：根据需要选择"首选的定义"区的单选项，包括"标准"（保持与低版本的网格纵横比计算相一致）和"标准化的"两项，都是计算三角形单元纵横比的格式。

　　Step4：根据需要设置"选项"区的相关选项。

　　"显示诊断结果的位置"栏有"显示"（如图 4-18 所示）和"文本"（如图 4-19 所示）两个选项。

　　"显示网格/模型"复选框用于控制整个网格模型显示与否。

　　"将结果置于诊断层中"复选框用于将诊断出来的单元单独置于诊断层中。

　　Step5：单击"显示"按钮，显示如图 4-18（a）所示结果。

　　【应用】如勾选"将结果置于诊断层中"复选框，则单击"显示"按钮后，在软件界面的图层管理区中会自动生成"诊断结果"层，只要仅勾选"诊断结果"层，则在模型显示区中会显示诊断层上的单元，如图 4-18（b）所示，便于后续的编辑或修改。

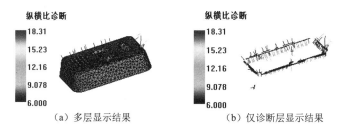

（a）多层显示结果　　　　　　（b）仅诊断层显示结果

图 4-18　纵横比诊断显示结果

图 4-19　文本显示结果

## 4.3.2　厚度

　　本命令用于诊断模型网格的厚度，具体操作如下。

　　Step1：选择本命令会弹出如图 4-20 所示"厚度诊断"对话框。

　　Step2：在"输入参数"区中输入需要诊断厚度的最小值、最大值。

　　Step3：根据需要设置"选项"区的相关选项（同"纵横比诊断"对话框中"选项"区）。

　　Step4：单击"显示"按钮，显示如图 4-21 所示结果。

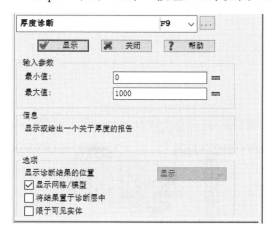

图 4-20　"厚度诊断"对话框

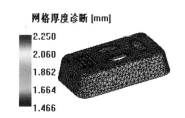

图 4-21　网格厚度诊断结果

### 4.3.3　网格匹配

本命令主要用于诊断双层面上下两表面网格的匹配情况，具体操作如下。

Step1：选择本命令会弹出如图 4-22 所示"Dual Domain 网格匹配诊断"对话框。

Step2：根据需要选择是否勾选"相互网格匹配"复选框。

Step3：根据需要设置"选项"区的相关选项（同"纵横比诊断"对话框中"选项"区）。

Step4：单击"显示"按钮，显示如图 4-23 所示结果。

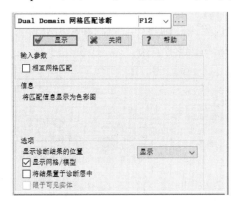

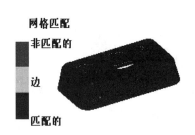

图 4-22　"Dual Domain 网格匹配诊断"对话框　　　　图 4-23　网格匹配诊断结果

### 4.3.4　自由边

本命令用于诊断模型网格中是否存在自由边，具体操作如下。

Step1：选择本命令会弹出如图 4-24 所示"自由边诊断"对话框。

Step2：建议勾选"输入参数"区的"查找多重边"复选框（可反映出重叠单元）。

Step3：根据需要设置"选项"区的相关选项（同"纵横比诊断"对话框中"选项"区），建议勾选"将结果置于诊断层中"复选框，便于查看和编辑。

Step4：单击"显示"按钮，显示如图 4-25 所示结果（自由边显示为红色）。

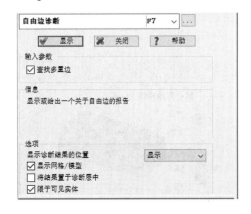

图 4-24　"自由边诊断"对话框　　　　　　图 4-25　自由边诊断结果

## 4.3.5　重叠

本命令用于诊断网格中的重叠单元，具体操作如下。

Step1：选择本命令会弹出如图 4-26 所示"重叠单元诊断"对话框。

Step2：在"输入参数"区中根据需要勾选"查找交叉点"和"查找重叠"复选框，控制其诊断与否。

Step3：根据需要设置"选项"区的相关选项（同"纵横比诊断"对话框中"选项"区），建议勾选"将结果置于诊断层中"复选框，便于查看和编辑。

Step4：单击"显示"按钮即会显示相应的结果。

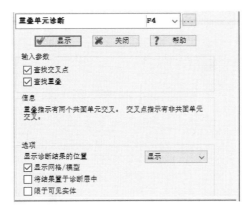

图 4-26　"重叠单元诊断"对话框

## 4.3.6　连通性

本命令用于诊断模型网格是否连通，具体操作如下。

Step1：选择本命令会弹出如图 4-27 所示"连通性诊断"对话框。

Step2：在"输入参数"区的"从实体开始连通性检查"栏中选取模型上的任何一个节点。

Step3：根据需要设置"选项"区的相关选项（同"纵横比诊断"对话框中"选项"区）。

Step4：单击"显示"按钮，显示如图 4-28 所示结果。如果结果中有显示红色的部分，则说明该部分连通性存在问题。

图 4-27　"连通性诊断"对话框

图 4-28　网格连通性诊断结果

【常见问题剖析】常见连通性不好的原因主要有：①导入模型在 CAD 建模中存在问题，比如某些特征以线接触或未完全连接到实体上（通过网格统计信息即可快速判断）；②浇注系统浇口与模型节点不连接（通过"连通性诊断"查看）。

## 4.3.7　取向

本命令用于诊断网格的取向与否或是否正确，具体操作如下。

Step1：选择本命令会弹出如图 4-29 所示"取向诊断"对话框。

Step2：根据需要设置"选项"区的相关选项（同"纵横比诊断"对话框中"选项"区），建议勾选"将结果置于诊断层中"复选框，便于查看和编辑。

Step3：单击"显示"按钮，显示如图 4-30 所示结果。

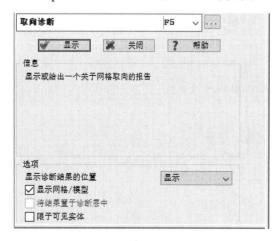

图 4-29　"取向诊断"对话框

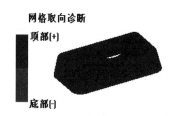

图 4-30　网格取向诊断结果

## 4.3.8　出现次数

本命令用于诊断模型单元的出现次数，具体操作如下。

Step1：选择本命令会弹出如图 4-31 所示"出现次数诊断"对话框。

Step2：根据需要设置"选项"区的相关选项（同"纵横比诊断"对话框中"选项"区）。

Step3：单击"显示"按钮，显示如图 4-32 所示结果。

图 4-31　"出现次数诊断"对话框

图 4-32　出现次数诊断结果

【实例应用】当同一产品采用一模多腔对称布局时，可以选择其中对称的部分，将其属性中"出现次数"栏设置成与之对应腔数进行替代分析以减少分析时间。

如图 4-33 所示一模四腔对称侧浇口布局形式，在 Moldflow 中通过以下步骤设置即可达到同样的分析效果。

Step1：模型和流道创建成如图 4-34 所示对称部分模型。

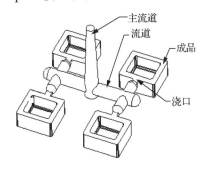
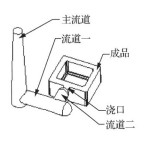

图 4-33　一模四腔对称侧浇口布局形式　　　　图 4-34　对称部分模型

Step2：选取"流道一"部分，选择"编辑"命令或单击鼠标右键选择"属性"命令，弹出如图 4-35 所示属性框，在"出现次数"栏中输入"2"。

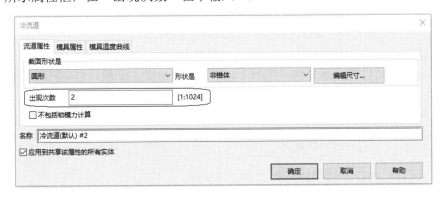

图 4-35　"冷流道"属性框

Step3：选取"流道二"部分，选择"编辑"命令，在其属性框的"出现次数"栏中输入"4"。

Step4：选取"浇口"部分，选择"编辑"命令，在其属性框的"出现次数"栏中输入"4"。

Step5：选取"成品"部分，选择"编辑"命令，在其属性框的"出现次数"栏中输入"4"。

【提示】上述"编辑"命令在"几何"或"网格"菜单下；另外，由于主流道只能是一个，所以其"出现次数"不需设置。

## 4.3.9　零面积

本命令主要用于诊断面积极小的几乎成一条直线的单元（纵横比极大），网格模型中不应存在零面积的单元，具体操作如下。

Step1：选择本命令会弹出如图 4-36 所示"零面积单元诊断"对话框。

Step2：在"输入参数"区中输入需要诊断的条件参数。

Step3：根据需要设置"选项"区的相关选项（同"纵横比诊断"对话框中"选项"区），建议勾选"将结果置于诊断层中"复选框，便于查看和编辑。

Step4：单击"显示"按钮即会显示相应的结果。

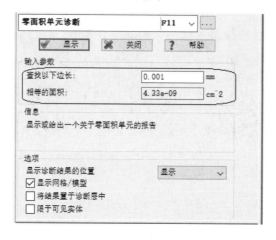

图 4-36 "零面积单元诊断"对话框

## 4.3.10 折叠

本命令用于诊断模型网格的折叠情况，具体操作如下。

Step1：选择本命令会弹出如图 4-37 所示"折叠面诊断"对话框。

Step2：根据需要设置"选项"区的相关选项（同"纵横比诊断"对话框中"选项"区），建议勾选"将结果置于诊断层中"复选框，便于查看和编辑。

Step3：单击"显示"按钮即会显示相应的结果。

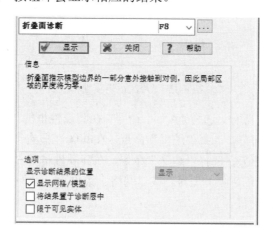

图 4-37 "折叠面诊断"对话框

## 4.3.11 柱体单元长径比

本命令用于诊断如浇注系统、冷却系统或零件柱体等单元的长径比大小，具体操作如下。

Step1：选择本命令会弹出如图 4-38 所示"柱体单元长径比诊断"对话框。

Step2：在"输入参数"区中输入需要诊断的最小和最大长径比数值，这里分别输入"0"和"10"。

Step3：根据需要设置"选项"区的相关选项（同"纵横比诊断"对话框中"选项"区）。

Step4：单击"显示"按钮，显示如图 4-39 所示结果。

【提示】柱体单元长径比值建议大于 1，否则会影响冷却分析。

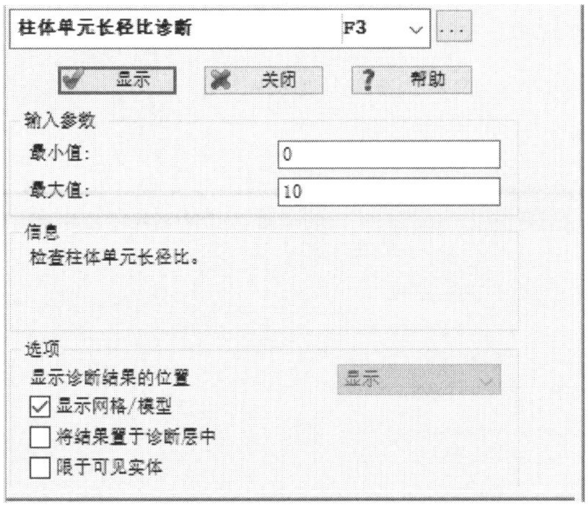

图 4-38　"柱体单元长径比诊断"对话框

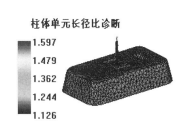

图 4-39　柱体单元长径比诊断结果

## 4.3.12　计算柱体数

本命令主要用于诊断柱体单元（如浇注系统、冷却系统等）数量，具体操作如下。

Step1：选择本命令会弹出如图 4-40 所示"柱体单元数诊断"对话框。

Step2：在"输入参数"区中输入需要诊断的条件参数。

Step3：根据需要设置"选项"区的相关选项（同"纵横比诊断"对话框中"选项"区）。

Step4：单击"显示"按钮，显示如图 4-41 所示结果。

图 4-40　"柱体单元数诊断"对话框

图 4-41　柱体单元数诊断结果

# 4.4 网 格 修 复

模型网格划分完后难免会产生前述的一些缺陷，这些缺陷会影响分析处理能否顺利进行或分析结果的准确性。因此，在分析之前必须对这些缺陷进行修复并达到分析要求，网格修复可以说是分析前处理中重要的一个内容，对复杂模型而言，耗时较多。

"网格"菜单下"网格编辑"工具栏如图 4-42 所示，下面介绍其主要功能。

图 4-42 "网格编辑"工具栏

## 4.4.1 网格修复向导

在 Moldflow 中，网格修复向导可以自动进行并完成网格的缺陷修复，比较容易操作，但不一定能把所有缺陷均修复完整并达到预期的要求，下面简要介绍该命令的操作过程。

单击"网格修复向导"按钮，弹出如图 4-43 所示对话框，单击"完成"按钮会进入下一个对话框，下面分别介绍各对话框的修复内容。

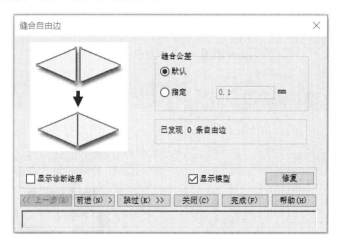

图 4-43 网格修复向导一：缝合自由边

### 1. 缝合自由边

如图 4-43 所示，缝合默认或指定数值距离内的自由边。

## 2．填充孔

如图 4-44 所示，填充模型中的孔。

## 3．修复突出

如图 4-45 所示，去除有突出的单元。

图 4-44 网格修复向导二：填充孔

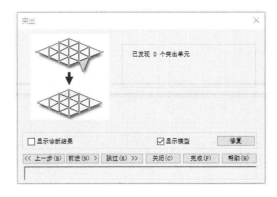

图 4-45 网格修复向导三：突出

## 4．修复退化单元

如图 4-46 所示，通过合并或交换边等方法修复形状较差的单元。

## 5．反向法线

如图 4-47 所示，调整单元的法线方向（Moldflow 中网格的每个单元的法线都需要具有按规定设定的取向要求）。

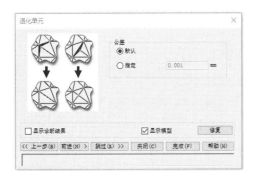

图 4-46 网格修复向导四：退化单元

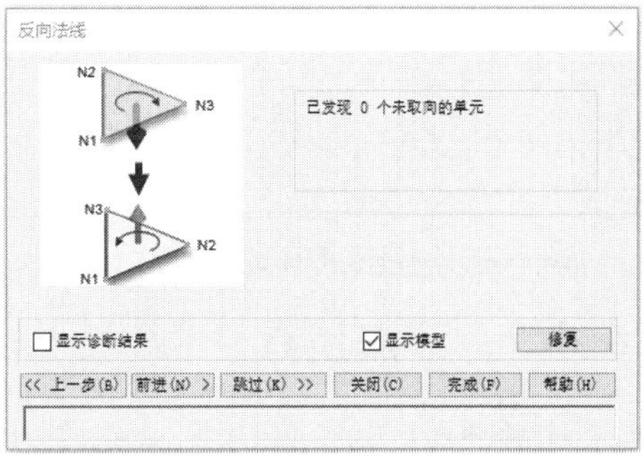

图 4-47 网格修复向导五：反向法线

## 6．修复重叠

如图 4-48 所示，修复网格中的重叠单元。

## 7．修复折叠面

如图 4-49 所示，修复网格中的折叠面。

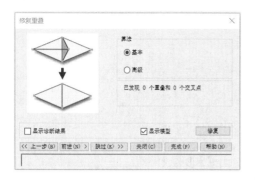

图 4-48　网格修复向导六：修复重叠

图 4-49　网格修复向导七：折叠面

### 8．修复纵横比

如图 4-50 所示，按照设定纵横比的目标值对网格进行修复，但修复的结果不一定能符合要求或网格纵横比不一定全部能修复到该设定值。

### 9．查看摘要

如图 4-51 所示，查看自动修复中的修复情况。

单击"关闭"按钮，完成网格修复向导。

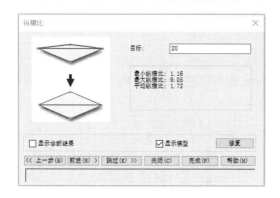

图 4-50　网格修复向导八：纵横比

图 4-51　网格修复向导九：摘要

## 4.4.2　节点工具

### 1．合并节点

Step1：选择本命令会弹出如图 4-52 所示"合并节点"对话框。

Step2：在"输入参数"区的"第一"栏中选取如图 4-53（a）所示节点 1，在"第二"栏中选取节点 2 和 3。

Step3：默认勾选"仅沿着某个单元边合并节点"复选框，单击"应用"按钮，创建如图 4-53（b）所示结果（节点 1 位置不变，节点 2、3 均向第一个节点合并）。

Step4：勾选"合并到中点"复选框，单击"应用"按钮，创建如图 4-53（c）所示结果（节点 1、2、3 均合并到三点的中点）。

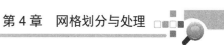

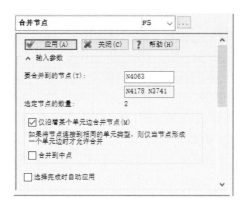

图 4-52　"合并节点"对话框

（a）合并节点前　　　　　　（b）合并到节点　　　　　　（c）合并到中点

图 4-53　合并节点

【提示】如果是节点 1 和 2 的合并，则"仅沿着某个单元边合并节点"结果为节点 2 向节点 1 合并，"合并到中点"结果为节点 1、2 合并到两点连线的中点。

### 2．插入节点

Step1：选择本命令会弹出如图 4-54 所示"插入节点"对话框。

图 4-54　"插入节点"对话框

Step2：根据需要选择"过滤器"可选项，包括"任何项目"、"最近的节点"和"节点"可选项（不同命令可选项有所不同）。为便于准确选取所需单元，本步骤一般在选取单元前根据所选对象选定。

Step3：根据需要在"在以下位置创建新节点"区中选择相应单选项。其中"三角形边的中点"需要选取两个节点，如图 4-55（a）所示；"三角形的中心"需要选取三角形单元，如图 4-56（a）所示。

Step4：单击"应用"按钮，分别创建如图 4-55（b）、图 4-56（b）所示结果。

【提示】勾选对话框中"选择完成时自动应用"复选框，达到 Step4 同样效果。

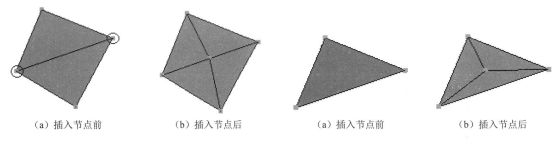

（a）插入节点前　　　（b）插入节点后　　　　　（a）插入节点前　　　（b）插入节点后

图 4-55　"三角形边的中点"插入　　　　　　图 4-56　"三角形的中心"插入

### 3．移动节点

Step1：选择本命令会弹出如图 4-57 所示"移动节点"对话框。

Step2：在"输入参数"区的"要移动的节点"栏中可选取需要移动的节点，在"位置"栏中输入需要移动的距离坐标。这个坐标有两个单选项："绝对"指需输入按照模型显示区的绝对坐标系的 X、Y、Z 坐标数值；"相对"指需输入相对于上述选定节点在 X、Y、Z 方向的移动数值。另外，也可以直接用鼠标将节点拖动到目标位置（拖动只在视图平面内移动，不容易精确控制）。

Step3：单击"应用"按钮，创建移动。

### 4．对齐节点

Step1：选择本命令会弹出如图 4-58 所示"对齐节点"对话框。

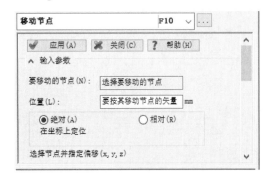

图 4-57　"移动节点"对话框　　　　　　　　图 4-58　"对齐节点"对话框

Step2：在"输入参数"区中可分别选取如图 4-59（a）所示三个节点 1、2、3（通常选取连续的三个节点，但也可以不连续）。

Step3：单击"应用"按钮，创建如图 4-59（b）所示结果（移动第三点使三点处在直线位置）。

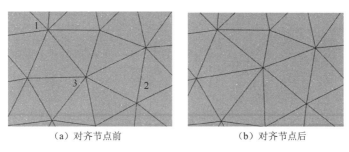

（a）对齐节点前　　　　　　　　　　　　（b）对齐节点后

图 4-59　对齐节点

### 5．整体合并

"整体合并"可以自动合并所有距离小于设定合并公差值的节点，因此本命令可以消除网格中的零面积区域，也可大大减少纵横比过大的三角形单元数量。

Step1：选择本命令会弹出如图 4-60 所示"整体合并"对话框。

图 4-60　"整体合并"对话框

Step2：在"输入参数"区中可设定"合并公差"值。

Step3：单击"应用"按钮，完成合并。

【提示】合并公差取大值，可以合并较多的纵横比较大的三角形单元，节约纵横比修复时间，但是可能会使网格模型产生一定的变形现象，因此合并公差值设定应综合考虑。

### 6．清除节点

Step1：选择本命令会弹出如图 4-61 所示"清除节点"对话框。

Step2：单击"应用"按钮，清除多余的节点。

### 7．匹配节点

"匹配节点"可用于修改网格以获得更好的网格匹配。

Step1：选择本命令会弹出如图 4-62 所示"匹配节点"对话框。

Step2：在"输入参数"区中分别选取一个节点和节点对应面上的一个三角形单元。

Step3：单击"应用"按钮，将所选节点投影到所选三角形单元上，以重新建立良好的网格匹配。

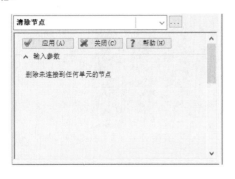

图 4-61　"清除节点"对话框

图 4-62　"匹配节点"对话框

### 8．平滑节点

"平滑节点"可以平滑一系列网格节点。

Step1：选择本命令会弹出如图 4-63 所示"平滑节点"对话框。

Step2：在"输入参数"区的"节点"栏中选取如图 4-64（a）所示圈定的四个节点。

Step3：单击"应用"按钮，创建如图 4-64（b）所示结果。

图 4-63　"平滑节点"对话框

（a）平滑节点前

（b）平滑节点后

图 4-64　平滑节点

## 4.4.3　边工具

应用边工具可以对模型网格中的三角形边进行相关的处理。

### 1．交换边

"交换边"可以实现两个相邻三角形共用边的交换。

Step1：选择本命令会弹出如图 4-65 所示"交换边"对话框。

Step2：在"输入参数"区中分别选取如图 4-66（a）所示相邻两个三角形单元。

Step3：单击"应用"按钮，创建如图 4-66（b）所示结果。

【提示】选择多个单元时，需同时按下 Ctrl 键。

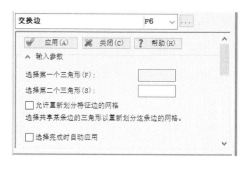

图 4-65　"交换边"对话框

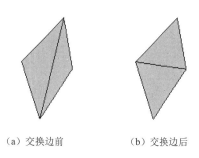

（a）交换边前　　　　（b）交换边后

图 4-66　交换边

## 2．缝合自由边

"缝合自由边"可以用于修复自由边，功能同图 4-43 所示向导对话框。

Step1：选择本命令会弹出如图 4-67 所示"缝合自由边"对话框。

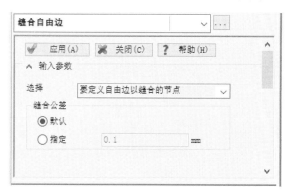

图 4-67　"缝合自由边"对话框

Step2：在"输入参数"区中选取如图 4-68（a）所示圈定的三个节点。

Step3：在"缝合公差"区中（可以默认或指定距离）选择"指定"单选项并输入"3"mm。

Step4：单击"应用"按钮，创建如图 4-68（b）所示结果。

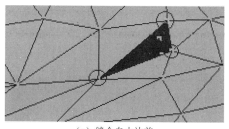

（a）缝合自由边前

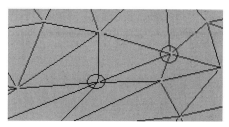

（b）缝合自由边后

图 4-68　缝合自由边

### 3．填充孔

"填充孔"可以用来修补网格孔洞，功能同图 4-44 所示向导对话框。

Step1：选择"高级-填充孔"命令会弹出如图 4-69 所示"填充孔"对话框。

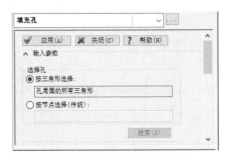

图 4-69　"填充孔"对话框

Step2：在"输入参数"区中有"按三角形选择"和"按节点选择（传统）"两个单选项。

"按三角形选择"：在选择栏中选取如图 4-71（a）所示孔边上的任意一个三角形单元，然后单击"搜索"按钮，系统自动搜索出孔周边一圈的三角形单元，如图 4-70（b）所示。

"按节点选择（传统）"：在选择栏中选取如图 4-71（a）所示孔边上的任意一个节点，然后单击"搜索"按钮，系统自动搜索出孔的自由边，如图 4-70（c）所示。

Step3：单击"应用"按钮，完成孔的填充。

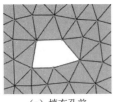 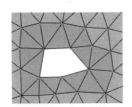 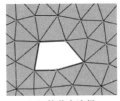

（a）填充孔前　　　　　　　　　　（b）按三角形选择　　　　　　　　　（c）按节点选择

图 4-70　填充孔

## 4.4.4　单元工具

### 1．修改纵横比

"修改纵横比"可以对网格的纵横比进行修改。

Step1：选择本命令会弹出如图 4-71 所示"修改纵横比"对话框。

Step2："输入参数"区可设定"目标最大纵横比"值。

Step3：单击"应用"按钮，对网格进行纵横比修改。

【提示】应用本命令修复的结果不一定能符合网格模型形状要求，网格纵横比也不一定全部能达到该目标设定值，因此对于未修复的三角形单元仍需要手工进行修复。

### 2．全部取向

"全部取向"可以修复模型中取向错误的单元，选择本命令即可完成全部网格单元取向。

### 3. 单元取向

"单元取向"可以将取向不正确的单元重新取向。

Step1：选择本命令会弹出如图 4-72 所示"单元取向"对话框。

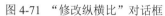

图 4-71　"修改纵横比"对话框　　　　图 4-72　"单元取向"对话框

Step2：在"输入参数"区的"要编辑的单元"栏中选取取向错误的单元，"参考"栏可以直接在模型上选取取向正确的单元作为参考单元（也可以不选）。

Step3：单击"应用"按钮，完成取向。

### 4. 删除实体

Step1：选择本命令会弹出如图 4-73 所示"删除实体"对话框。

Step2：在"输入参数"区中选取要删除的实体。

Step3：单击"应用"按钮，完成删除。

【提示】本命令可以删除除边界条件（如注射位置、冷却液入口等）外的节点、线段、三角形单元或柱体单元等实体。在 Moldflow 中，下述操作方法可以删除任何对象。

Step1：选取需要删除的对象。

Step2：单击鼠标右键并选择快捷菜单中的"删除"命令或单击工具栏中的 ✕ 按钮，又或者直接按键盘上的删除键。

【提示】当选取对象有多种类型时，执行"删除"命令会弹出如图 4-74 所示"选择实体类型"对话框，根据需要从中选取需要删除的对象，单击"确定"按钮即可。

图 4-73　"删除实体"对话框　　　　图 4-74　"选择实体类型"对话框

## 4.4.5　网格工具

### 1．重新划分网格

"重新划分网格"可以对已划分好的网格再进行自定义划分。

Step1：选择"高级-重新划分网格"命令会弹出如图 4-75 所示"重新划分网格"对话框。

图 4-75　"重新划分网格"对话框

Step2：在"输入参数"区的"选择要重新划分网格的实体"栏中选择如图 4-76（a）所示需要重新划分网格单元，然后设置"边长"数值，也可以通过比例条来调整。

Step3：单击"应用"按钮，创建如图 4-76（b）所示结果。

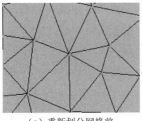
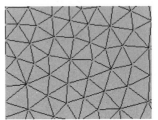

（a）重新划分网格前　　　　　　　（b）重新划分网格后

图 4-76　重新划分网格

### 2．自动修复

"自动修复"可以自动修复网格中的交叉点或重叠单元。

Step1：选择本命令会弹出如图 4-77 所示"自动修复"对话框。

Step2：单击"应用"按钮，完成自动修复。

### 3．重新划分四面体的网格

本命令主要针对 3D 模型。

Step1：选择本命令会弹出如图 4-78 所示对话框。

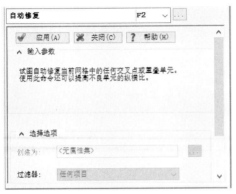

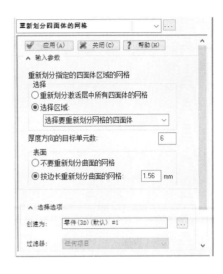

图 4-77　"自动修复"对话框　　　　图 4-78　"重新划分四面体的网格"对话框

Step2：在"输入参数"区中，"重新划分指定的四面体区域的网格"部分用来定义重新划分网格的四面体区域，"选择区域"单选项可以直接选取需要重新划分网格的区域。

"厚度方向的目标单元数"栏定义沿着厚度方向生成单元数目。

"按边长重新划分曲面的网格"单选项重定义划分表面网格的单元边长。

Step3：单击"应用"按钮，重新划分。

### 4. 投影网格

当某一网格单元严重背离模型表面，或者不再符合网格表面模型时，本命令可以还原网格，使网格遵循模型表面。

Step1：选择本命令会弹出如图 4-79 所示"投影网格"对话框。

图 4-79　"投影网格"对话

Step2：在"输入参数"区中选取要投影的网格单元。

Step3：单击"应用"按钮，完成投影。

# 4.5 网格其他命令

单击"网格"下方黑三角会出现如图 4-80 所示子菜单，其功能介绍如下。

图 4-80 "网格"子菜单

## 4.5.1 创建柱体单元

Step1：选择本命令会弹出如图 4-81 所示"创建柱体单元"对话框。

Step2：在"输入参数"区的"第一""第二"栏中分别输入两个节点坐标值或直接选取两个已有节点，在"柱体数"栏中输入数值以定义柱体的段数。

Step3：单击"选择选项"区"创建为"右侧的 □ 按钮，弹出如图 4-82 所示"指定属性"对话框。

Step4：根据需要单击"新建"按钮，弹出如图 4-83 所示柱体属性列表，从中选取需要的柱体属性。

Step5：根据需要单击"指定属性"对话框中的"编辑"按钮，可以对所指定属性（如柱体形状、尺寸等）进行编辑，完成后单击"确定"按钮。

Step6：单击"应用"按钮，创建相应的柱体单元。

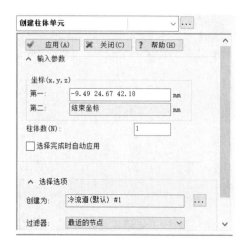

图 4-81 "创建柱体单元"对话框　　　图 4-82 "指定属性"对话框　　　图 4-83 柱体属性列表

## 4.5.2　创建三角形单元

Step1：选择本命令会弹出如图 4-84 所示"创建三角形"对话框。

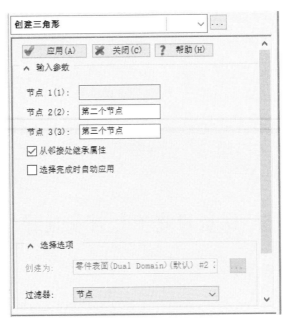

图 4-84　"创建三角形"对话框

Step2：在"输入参数"区中分别选取如图 4-85（a）所示三个节点。

Step3：单击"应用"按钮，创建如图 4-85（b）所示结果。

（a）选取三个节点　　　　　　　　　（b）三角形单元

图 4-85　创建三角形单元

## 4.5.3　创建四面体单元

Step1：选择本命令会弹出如图 4-86 所示"创建四面体"对话框。

Step2：在"输入参数"区中分别选取如图 4-87（a）所示四个节点（不在同一个平面内）。

Step3：单击"应用"按钮，创建如图 4-87（b）所示结果。

## 4.5.4　创建节点

功能见第 5 章"几何工具"。

（a）选取四个节点         （b）四面体单元

图 4-86 "创建四面体"对话框      图 4-87 创建四面体单元

# 4.6 网格修复方法及实例操作

## 4.6.1 网格常见缺陷修复方法

根据网格统计，我们知道网格常见的缺陷主要有自由边和多重边、重叠单元和相交单元、单元未取向或取向不正确，以及纵横比过大等。下面简要介绍这些缺陷的常用修复命令。

### 1. 自由边和多重边

常见的自由边缺陷如图 4-88 所示，可以在"自由边"诊断结果中体现出来。其中，如图 4-88（a）所示情况一存在自由边的同时还存在多重边，因此该单元是多余的，直接删除即可；如图 4-88（b）所示情况二缺失一个三角形单元，需要修补完整，可以采用"创建三角形单元"或"填充孔"命令来修复；如图 4-88（c）所示情况三缺失单元较多，建议应用"填充孔"命令修复，较为方便。

【应用】在双层面网格中如果存在多重边，说明共有该边的三角形单元中起码有一个是多余的。

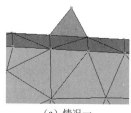   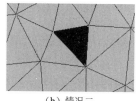   

（a）情况一        （b）情况二        （c）情况三

图 4-88 常见的自由边缺陷

## 2．重叠单元和相交单元

重叠单元和相交单元如图 4-89 所示，可以在"重叠"诊断结果中体现出来。结合上述"自由边和多重边"一起修复，根据实际情况对多余的重叠单元删除即可，对于相交单元，根据实际情况进行相应处理。

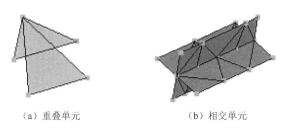

（a）重叠单元　　　　　　　　　　（b）相交单元

图 4-89　重叠单元和相交单元

## 3．单元未取向或取向不正确

通常直接应用"全部取向"命令来修复。（该方法简单方便，建议优先使用。）

## 4．纵横比过大

纵横比过大在网格中是常见的问题，也是修复网格中最费时的工作，根据不同情况选择合适的修复方法可以取到事半功倍的效果。修改纵横比方法有重新划分网格、自动修复功能（不能完全修复）、整体合并、插入节点（有时会产生另外大纵横比的单元）、合并节点（适用于两个节点较近的情况）、移动节点、重新局部划分网格、交换边等。图 4-90 所示为根据不同情况采用相应的修复方法：情况（a）宜采用"合并节点"命令将距离最小的相邻两个节点合并，情况（b）宜采用"交换边"命令修复。

【提示】"交换边"命令要求此两个三角形必须在同一个平面内；若不在同一个平面内，则采用"插入节点"命令修复[如图 4-90（c）所示情况]或采用其他方法（参见 4.6.2 节"网格修复实例"）。

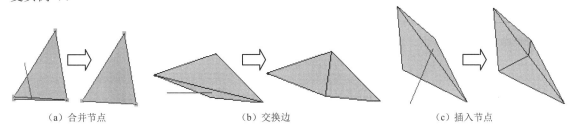

（a）合并节点　　　　　　　　　（b）交换边　　　　　　　　　（c）插入节点

图 4-90　常见纵横比过大修复方法

【技巧】避免纵横比过大的方法如下。

（1）通过 CAD Doctor 简化模型：确保模型完整、拓扑关系正确，小于产品壁厚 1/2 左右的圆角、倒角及微小的台阶、凹槽、孔洞予以清除。

（2）适当细分网格：根据产品大小、壁厚，尽可能细致地划分网格，但对计算机配置要求较高。

### 4.6.2　网格修复实例

#### 1．打开模型

启动 Moldflow，单击"打开工程"按钮，选择"实例模型\chapter4\4-6-2\4-2.mpi"，单击"打开"按钮，显示如图 4-91 所示模型。

#### 2．网格统计

选择"网格-网格统计"命令，弹出"网格统计"对话框，设置按默认值，单击"显示"按钮，弹出如图 4-92 所示"三角形"统计信息框。

```
实体计数:
    三角形                 11964
    已连接的节点            5983
    连通区域               1

    不可见三角形                     0

面积:
(不包括模具镶块和冷却管道)
    表面面积:  1347.2 cm^2

按单元类型统计的体积:
    三角形:   2111.6 cm^3

纵横比:
    最大          平均          最小
    147.78        1.88         1.16

边细节:
    自由边                          12
    共用边                       17925
    多重边                          10

当不包括不可见三角形时:
    自由边                          12

取向细节:
    配向不正确的单元                  2

交叉点细节:
    相交单元                         1
    完全重叠单元                     1
```

图 4-91　模型　　　　　　　　　　图 4-92　"三角形"统计信息框

#### 3．网格诊断与修复

对照表 4-2 可知，本模型网格存在自由边、多重边、取向不正确、相交单元、完全重叠单元和最大纵横比过大等问题。下面按照以下顺序进行逐个缺陷的诊断和修复。

Step1：自由边诊断。选择"自由边"诊断命令，弹出如图 4-93 所示"自由边诊断"对话框，在"输入参数"区中勾选"查找多重边"复选框，在"选项"区中勾选"将结果置于诊断层中"复选框，单击"显示"按钮，然后在软件界面的图层管理区中仅勾选"诊断结果"层，显示如图 4-94 所示自由边（颜色条上部颜色显示）和多重边（颜色条下部颜色显示）。

Step2：自由边修复。自由边主要存在两种情况。

第一种类似于如图 4-95 所示由连续红色自由边形成封闭的情况，这主要是因为缺失三角形单元，常通过以下两种方法进行修复。

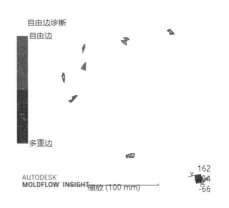

图 4-93　"自由边诊断"对话框　　　　图 4-94　模型中的自由边与多重边

【操作技巧】通过缩放、旋转或平移模型等方法找到缺陷单元，并尽量放置于视窗中央。为便于确认缺陷单元，一般单击界面右侧导航栏中的 "中心"按钮后，再单击缺陷单元（即保证模型旋转操作中围绕该点旋转，这样缺陷单元始终居中于视窗），再将图层管理区中的"新建三角形单元"层勾选显示，然后可以通过旋转，清楚地查看和确认模型上的缺陷单元，如图4-96 所示。

（1）选择"网格-创建三角形单元"命令，弹出如图 4-97 所示"创建三角形"对话框，在"输入参数"区中依次选取如图 4-98（a）所示圈定的三个相邻节点（选取节点时需将"新建节点"层复选框勾选显示）来创建新的三角形单元，单击"应用"按钮创建如图 4-98（b）所示结果，同样再次选取如图 4-98（b）所示圈定的三个节点，单击"应用"按钮完成如图 4-98（c）所示修复结果。这种方法一般用于缺失少量三角形单元时的修复。

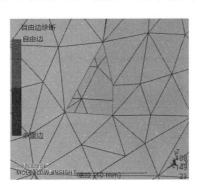

图 4-95　仅显示自由边　　图 4-96　三角形单元和自由边显示　　图 4-97　"创建三角形"对话框

（2）选择"高级-填充孔"命令，弹出如图 4-99 所示"填充孔"对话框，在"输入参数"区的选择栏中选取自由封闭边上的任何一个三角形或任何一个节点，再单击"搜索"按钮，然后单击"应用"按钮完成孔的填充。这种方法一般用于任意大小封闭孔洞网格的修补。

第二种类似于如图 4-100（a）、图 4-101（a）、图 4-102（a）所示常见缺陷单元中，既有红色边（红色表示为自由边），又有蓝色边（蓝色表示为多重边）或全部都是蓝色边的三角形单元的情况，这主要是因为存在多余的三角形单元，因此将这些三角形单元直接删除即可。

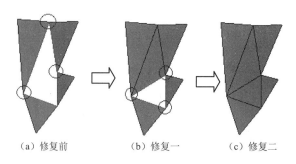

（a）修复前　　　　　　（b）修复一　　　　　　（c）修复二

图 4-98 "创建三角形单元"修复过程

图 4-99 "填充孔"对话框

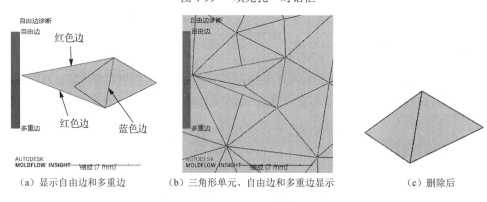

（a）显示自由边和多重边　　（b）三角形单元、自由边和多重边显示　　（c）删除后

图 4-100 缺陷单元一：两条红色边+一条蓝色边

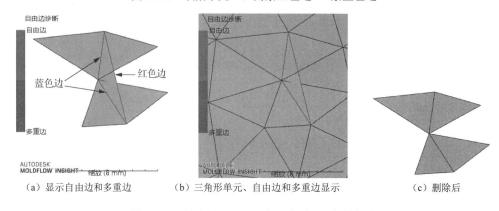

（a）显示自由边和多重边　　（b）三角形单元、自由边和多重边显示　　（c）删除后

图 4-101 缺陷单元二：一条红色边+两条蓝色边

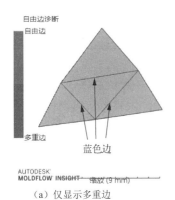

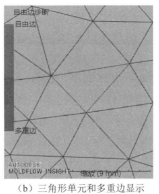

（a）仅显示多重边　　　　　　（b）三角形单元和多重边显示　　　　　（c）删除后

图 4-102　缺陷单元三：三条蓝色边

【删除方法】删除单元的方法如下。

（1）选取需删除的单元后，单击工具栏中的"删除"按钮。

（2）选取需删除的单元后，直接按键盘上的删除键。

（3）选取需删除的单元后单击鼠标右键，选择"删除"命令。

通过上述方法将模型中自由边或多重边修复完成后，视窗中左侧的颜色条会自动消失。

Step3：再次网格统计。选择"网格-网格统计"命令，弹出"网格统计"对话框，设置按默认值，单击"显示"按钮，弹出如图 4-103 所示"三角形"统计信息框，结果显示"边细节"和"交叉点细节"两项已符合网格要求，但"纵横比"和"取向细节"仍存在问题，下面对该两项分别进行修复。

【说明】相比于如图 4-92 所示统计信息框中的信息，可知"配向不正确的单元"数量增加了，主要原因是在自由边修复过程中新创建的三角形单元有可能存在取向不正确现象。

【技巧】当"三角形"统计信息中同时存在"边细节"和"交叉点细节"缺陷时，也可以先进行交叉点细节诊断（"重叠"诊断，对话框设置如图 4-104 所示），诊断结果会显示重叠单元和相交单元，根据实际情况将缺陷单元删除即可，然后再进行"自由边"诊断并修复。

纵横比：
|  | 最大 | 平均 | 最小 |
|---|---|---|---|
|  | 147.79 | 1.87 | 1.16 |

边细节：
自由边　　　　　　　　0
共用边　　　　　　　17958
多重边　　　　　　　　0

取向细节：
配向不正确的单元　　　9

交叉点细节：
相交单元　　　　　　　0
完全重叠单元　　　　　0

图 4-103　"三角形"统计信息框　　　　　　图 4-104　"重叠单元诊断"对话框

但这里我们建议首先进行"自由边"诊断，因为网格中的重叠单元和相交单元都会在"自由边"诊断结果中反映出来，当对自由边和多重边修复完成后，重叠单元和相交单元也基本就消失了，如果统计中还存在"交叉点细节"缺陷时，再利用"重叠"诊断并修复。

因此，在网格诊断和修复时，建议按照如下缺陷顺序进行：自由边和多重边、重叠单元和相交单元、纵横比过大（边和交叉点细节修复中可能会产生大纵横比的新三角形单元）、单元未取向或取向不正确（纵横比修复中可能会产生取向不正确的新三角形单元）。

Step4：纵横比诊断。选择"纵横比"诊断命令，弹出如图 4-105 所示"纵横比诊断"对话框，在"输入参数"区的"最小值"栏中输入"50"（逐步减小，这样诊断出的数量少，便于查找和修复），单击"显示"按钮，显示如图 4-106 所示结果，各缺陷单元会随纵横比大小而引出不同颜色的线。

图 4-105　"纵横比诊断"对话框

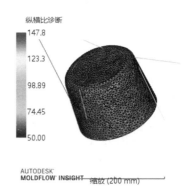

图 4-106　纵横比诊断结果

Step5：纵横比修复。从纵横比最大（引线颜色最红）的三角形单元开始修复，如图 4-107 所示。

该缺陷有点类似于如图 4-90（b）所示类型，因此我们会很容易联想到应用"交换边"命令来修复，看看是否适用。选择"交换边"命令，弹出如图 4-108 所示对话框，在"输入参数"区中分别选取如图 4-109 所示两个三角形单元，单击"应用"按钮会弹出如图 4-110 所示警示框，说明应用"交换边"命令不能执行，其原因主要是该两个三角形单元不在同一个平面内（通过放大旋转可以看得出来，如图 4-111 所示）。这种情况经常会出现在曲面划分的网格中。

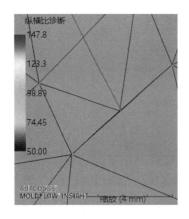

图 4-107　纵横比最大单元

图 4-108　"交换边"对话框

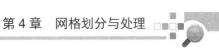

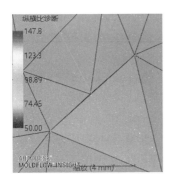

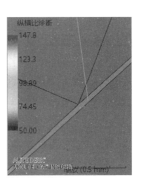

图 4-109　选取三角形单元　　　　图 4-110　"建模时出错"　　　　图 4-111　两个三角形
（相邻两个）　　　　　　　　　　警示框　　　　　　　　　　单元成夹角

因此，可以采用以下两种常用方法来修复该类单元。

（1）首先将如图 4-111 所示两个三角形单元直接删除，结果如图 4-112 所示，然后应用"高级-填充孔"命令进行孔的修复。

（2）利用"合并节点"命令修复，在弹出的如图 4-113 所示对话框的"输入参数"区中，依次选取如图 4-114 所示节点 1、2，然后单击"应用"按钮即完成节点 2 向节点 1 合并，结果如图 4-115 所示。

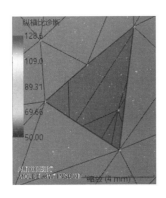

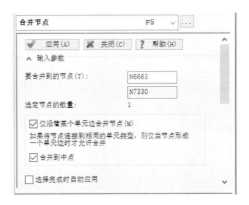

图 4-112　删除三角形单元（相邻两个）　　　　图 4-113　"合并节点"对话框

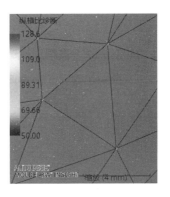

图 4-114　依次选取两个节点　　　　图 4-115　"合并节点"修复结果

【注意】"合并节点"命令比较适合于相邻节点相距较近且是平面网格的场合，而图 4-114 中节点 2 基本在节点 1、3 中间，尤其对于曲面网格，节点合并容易造成模型细微的变形。

Step6：按照 Step5 中修复方法依次将纵横比修复到 20 以内。

Step7：取向诊断。选择"取向"诊断命令，可以显示取向不正确的单元。（本步骤可以省略，直接进入 Step 8。）

Step8：取向修复。选择"全部取向"命令即可自动修复取向不正确的所有单元。

另外，也可选择"单元取向"命令，弹出如图 4-116 所示"单元取向"对话框，在"输入参数"区的"要编辑的单元"栏中选取需要修复取向的单元（红色显示的三角形单元，多选时按下 Ctrl 键），然后单击"应用"按钮即可修复（单元成蓝色）。

图 4-116 "单元取向"对话框

Step9：再次网格统计。当上述缺陷均修复完成后，再次选择"网格统计"命令查看网格信息，确认网格完整。

Step10：清除多余节点。选择"清除节点"命令，在"清除节点"对话框中单击"应用"按钮即可清除多余的节点。因为在修复网格过程中不可避免会产生一些与网格不连接的节点，建议尽量清除，以免影响后续的操作。

本实例修复结果见"实例模型\chapter4\4-6-2\4-2.mpi"。

# 本 章 课 后 习 题

导入如图 4-117 所示模型（见"实例模型\chapter4\课后练习\4.stl"），设置合理的网格边长进行划分并完成网格修复（纵横比控制在 15 以内）。

图 4-117 练习模型

# 第5章 》》》》》
# 几 何 工 具

通过本章的学习，了解几何建模的基本思路，熟练使用各种几何工具进行节点、曲线和区域等元素的创建和编辑，熟练进行模具结构的创建，掌握 Moldflow 软件几何建模方法和技巧。

| 主 要 项 目 | 知 识 要 点 |
|---|---|
| 创建元素 | 节点、曲线、区域等创建方法 |
| 创建模具结构 | 柱体、镶件、型腔重复和模具表面等创建的基本操作 |
| 编辑元素 | 移动、查询实体的操作方法 |

Moldflow 中的几何工具可以创建节点、曲线、区域等基本元素，为模型创建浇注系统、冷却系统等，但 Moldflow 中的建模工具毕竟没有专业 CAD 软件的建模功能强大，直接创建原始模型效率相对较低。因此，根据 CAD 和 CAE 软件的各自优势，结合塑件和模具的具体结构，我们一般建议：

（1）原始模型尽可能在 CAD 软件中创建，但有些会影响网格划分质量的细小结构（如小柱体等），可以在 Moldflow 中进行创建添加。

（2）复杂的浇注系统和冷却水路在 CAD 中创建更为方便，然后再导入 Moldflow。

图 5-1（a）所示为一个塑件模型，图 5-1（b）所示为塑件 STL 模型（见"实例模型\chapter5\5-1.stl"，无凸台），试利用 Moldflow 中的几何工具在图 5-1（b）生成网格的基础上创建四个圆凸台 $\phi$2mm×2mm。

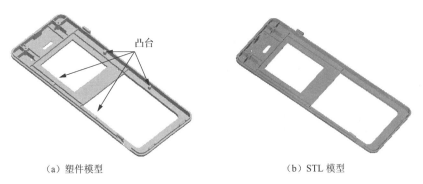

（a）塑件模型　　　　　　　　　　　　　　（b）STL 模型

图 5-1　模型

"几何"菜单命令如图 5-2 所示，包含局部坐标系、创建、修改、选择、属性及实用程序等命令，下面介绍其主要命令的功能。

图 5-2　"几何"菜单命令

# 5.1　局部坐标系

局部坐标系包含"创建局部坐标系"、"激活"和"建模基准面"命令，其操作如下。

## 5.1.1　创建局部坐标系

Step1：选择本命令会弹出如图 5-3 所示"创建局部坐标系"对话框。

图 5-3　"创建局部坐标系"对话框

Step2：在"输入参数"区中分别输入三个坐标值，"第一"栏坐标代表新坐标系的原点位置，"第二"栏坐标代表新坐标系的 X 轴的轴线与方向，"第三"栏坐标与"第二"栏坐标组成新坐标系的 XY 平面，由此确定 Y 轴和 Z 轴的方向，分别选取如图 5-4 所示三个模型节点。

Step3：单击"应用"按钮即可创建如图 5-5 所示局部坐标系。

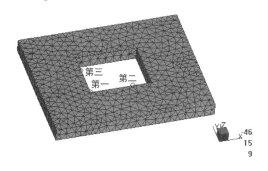

图 5-4 选取模型节点

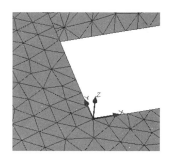

图 5-5 局部坐标系

## 5.1.2 激活

新定义的局部坐标系没有激活之前是不能用作当前坐标系来使用的，需要使用本命令激活。具体步骤为：选取新定义的局部坐标系后选择本命令即可完成激活。

## 5.1.3 建模基准面

选取新定义的局部坐标系后选择本命令即可激活为基准面。

# 5.2 创 建 元 素

## 5.2.1 节点

"节点"子菜单如图 5-6 所示，其操作步骤和功能分别介绍如下。

图 5-6 "节点"子菜单

### 1. 按坐标定义节点

Step1：选择本命令会弹出如图 5-7 所示对话框。

Step2：在"输入参数"区的"坐标"栏中输入 X、Y、Z 绝对坐标值。

Step3：单击"应用"按钮，创建节点。

【说明】在 Moldflow 中，输入节点时有绝对坐标值和相对坐标值两种情况。

（1）绝对坐标值指输入的是相对于系统坐标系的 X、Y、Z 坐标值。

（2）相对坐标值指输入的是相对于某个节点的 X、Y、Z 增量值。

输入节点坐标值时，数值之间用一个空格隔开（如"10 10 10"），或用逗号隔开（如"10,10,10"）；另外，当 X、Y、Z 三个数值中非零坐标值后面的坐标值是零时，该零可以省略，比如"10 0 0"可以写成"10"，"0 10 0"可以写成"0 10"。

### 2．在坐标之间的节点

Step1：选择本命令会弹出如图 5-8 所示对话框。

图 5-7 "按坐标定义节点"对话框　　　图 5-8 "在坐标之间的节点"对话框

Step2：在"输入参数"区的"第一""第二"栏中分别选取如图 5-9 所示圈定两个节点或直接输入两个节点的 X、Y、Z 绝对坐标值；"节点数"指在选取的两个节点之间生成等距分布节点的数量，这里输入"3"。

Step3：单击"应用"按钮，创建如图 5-9 所示节点。

图 5-9 在坐标之间创建节点

### 3．按平分曲线定义节点

Step1：选择本命令会弹出如图 5-10 所示对话框。

Step2：在"输入参数"区的"选择曲线"栏中选取如图 5-11 所示曲线；"节点数"指在曲线上生成等距分布节点的数量，这里输入"7"；勾选"在曲线末端创建节点"复选框（勾选后会在曲线末端创建节点，这两个节点包含在"节点数"栏中输入的数量中）。

Step3：单击"应用"按钮，创建如图5-11所示节点。

图5-10 "按平分曲线定义节点"对话框 　　　　图5-11 按平分曲线创建节点

### 4．按偏移定义节点

Step1：选择本命令会弹出如图5-12所示对话框。

Step2：在"输入参数"区的"基准"栏中选取如图5-13所示圈定的节点或直接输入节点的X、Y、Z绝对坐标值；在"偏移"栏中输入相对于基准点的X、Y、Z增量值，这里输入"10 10 10"；"节点数"指生成节点的数量（后一个以前一个为基准），这里输入"2"。

Step3：单击"应用"按钮，创建如图5-13所示节点。

图5-12 "按偏移定义节点"对话框 　　　　图5-13 按偏移创建节点

### 5. 按交叉定义节点

Step1：选择本命令会弹出如图 5-14 所示对话框。

Step2：在"输入参数"区中分别选取如图 5-15 所示两条相交曲线。

Step3：单击"应用"按钮，创建如图 5-15 所示节点（两条曲线的交点）。

图 5-14　"按交叉定义节点"对话框

图 5-15　按交叉创建节点

## 5.2.2　曲线

"曲线"子菜单如图 5-16 所示，其操作步骤和功能分别介绍如下。

### 1. 创建直线

Step1：选择本命令会弹出如图 5-17 所示对话框。

Step2：在"输入参数"区的"第一"栏中选取一个节点或直接输入节点的 X、Y、Z 坐标值（这里是绝对坐标值）；对于"第二"栏，一种方法是选取一个节点，另一种方法是根据需要在选择"绝对"或"相对"单选项后输入相应的坐标值。

Step3：单击"应用"按钮，创建如图 5-18 所示直线。

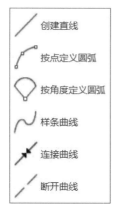

图 5-16　"曲线"子菜单

图 5-17　"创建直线"对话框

图 5-18　创建直线

### 2．按点定义圆弧

Step1：选择本命令会弹出如图 5-19 所示对话框。

Step2：在"输入参数"区中分别选取三个节点或直接输入三个节点的 X、Y、Z 绝对坐标值。

Step3：根据需要选择"圆弧"或"圆形"单选项，这里选择"圆弧"单选项。

Step4：单击"应用"按钮，创建如图 5-20 所示圆弧。

【提示】圆弧是顺着第一、二、三个节点顺序创建的。

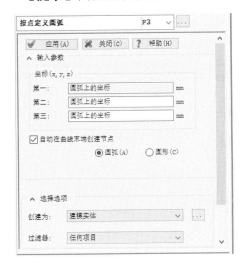

图 5-19　"按点定义圆弧"对话框

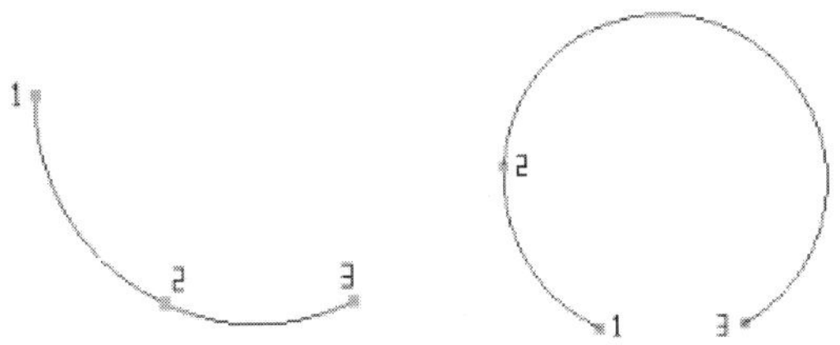

（a）圆弧一　　　　（b）圆弧二

图 5-20　按点创建圆弧

### 3．按角度定义圆弧

Step1：选择本命令会弹出如图 5-21 所示对话框。

Step2：在"输入参数"区的"中心（x，y，z）"栏中选取如图 5-22 所示圈定的节点或直接输入中心节点的 X、Y、Z 绝对坐标值，在"半径"栏中输入"5"，在"开始角度"和"结束角度"栏中分别输入"0"和"120"。

Step3：单击"应用"按钮，创建如图 5-22 所示圆弧。

【提示】本命令的圆弧或圆是在 XY 平面内创建的，当"开始角度"值为 0，"结束角度"值为 360 时创建的是一个圆。

### 4．样条曲线

Step1：选择本命令会弹出如图 5-23 所示对话框。

Step2：在"输入参数"区的"坐标"栏中选取节点[直接连续选取即可自动将所选节点坐标添加到下面的"所选坐标（x，y，z）"框中]或直接输入中心节点的 X、Y、Z 绝对坐标值[输完以后单击"添加"按钮将坐标添加到下面的"所选坐标（x，y，z）"框中后，继续输入下一个节点坐标值]。

Step3：单击"应用"按钮，创建如图 5-24 所示样条曲线（四个节点）。

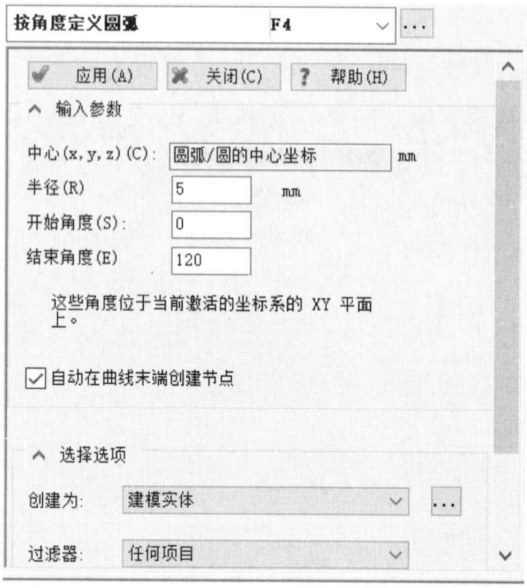

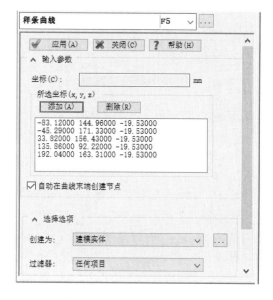

图 5-21 "按角度定义圆弧"对话框

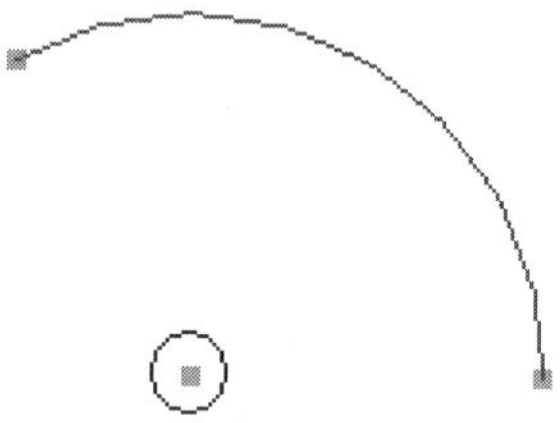

图 5-22 按角度创建圆弧

图 5-23 "样条曲线"对话框

图 5-24 创建样条曲线

## 5. 连接曲线

Step1：选择本命令会弹出如图 5-25 所示对话框。

Step2：在"输入参数"区中分别选取如图 5-26（a）所示两条曲线，在"圆角因子"栏中输入"1"（该值范围为 1~100，当设置为"0"时创建一条直线，大于"0"时创建一条曲线）。

Step3：单击"应用"按钮，创建如图 5-26（b）所示曲线。

【提示】选取曲线时靠近需要连接的那端，选中后会在该端出现蓝色球标，如图 5-26（a）所示。

图 5-25 "连接曲线"对话框

（a）连接前                  （b）连接后

图 5-26　连接曲线

## 6. 断开曲线

Step1：选择本命令会弹出如图 5-27 所示对话框。

Step2：在"输入参数"区中分别选取如图 5-28（a）所示两条相交曲线 C1、C2。

Step3：单击"应用"按钮，创建如图 5-28（b）所示结果（原来两条曲线打断后成为四条曲线）。

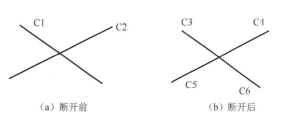

（a）断开前                  （b）断开后

图 5-27 "断开曲线"对话框                  图 5-28　断开曲线

## 5.2.3 区域

"区域"子菜单如图 5-29 所示,其操作步骤和功能分别介绍如下。

### 1.按边界定义区域

Step1:选择本命令会弹出如图 5-30 所示对话框。

图 5-29 "区域"子菜单          图 5-30 "按边界定义区域"对话框

Step2:在"输入参数"区的"选择曲线"栏中选取如图 5-31(a)所示封闭边界曲线。

Step3:单击"应用"按钮,创建如图 5-31(b)所示区域。

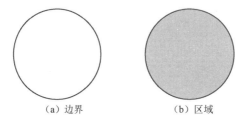

(a)边界          (b)区域

图 5-31 按边界创建区域

### 2.按节点定义区域

Step1:选择本命令会弹出如图 5-32 所示对话框。

Step2:在"输入参数"区的"选择节点"栏中依顺序选取如图 5-33(a)所示一系列节点(按住 Ctrl 键)。

Step3:单击"应用"按钮,创建如图 5-33(b)所示区域。

### 3.按直线定义区域

Step1:选择本命令会弹出如图 5-34 所示对话框。

图 5-32 "按节点定义区域"对话框

（a）节点 （b）区域

图 5-33 按节点创建区域

图 5-34 "按直线定义区域"对话框

Step2：在"输入参数"区中分别选取如图 5-35（a）所示两条共面直线。

Step3：单击"应用"按钮，创建如图 5-35（b）所示区域。

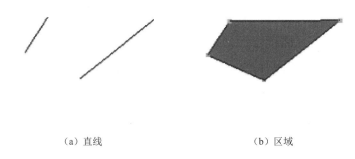

（a）直线　　　　　　　　　　　（b）区域

图 5-35　按直线创建区域

### 4．按拉伸定义区域

Step1：选择本命令会弹出如图 5-36 所示对话框。

图 5-36　"按拉伸定义区域"对话框

Step2：在"输入参数"区的"选择曲线"栏中选取如图 5-37（a）所示直线；在"拉伸矢量（x, y, z）"栏中输入控制沿 X、Y、Z 轴方向的拉伸矢量值，这里输入"0 20 0"（只沿 Y 轴方向拉伸）。

Step3：单击"应用"按钮，创建如图 5-37（b）所示区域。

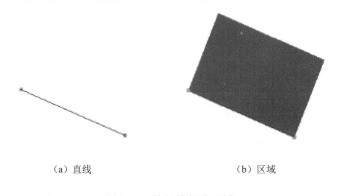

（a）直线　　　　　　　　　　　（b）区域

图 5-37　按拉伸创建区域

### 5．按边界定义孔

Step1：选择本命令会弹出如图 5-38 所示对话框。

Step2：在"输入参数"区中分别选取如图 5-39（a）所示区域和区域上封闭的边界。

Step3：单击"应用"按钮，创建如图 5-39（b）所示孔。

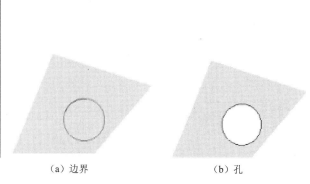

（a）边界　　　　　　　（b）孔

图 5-39　按边界创建孔

图 5-38　"按边界定义孔"对话框

### 6．按节点定义孔

Step1：选择本命令会弹出如图 5-40 所示对话框。

Step2：在"输入参数"区中分别选取如图 5-41（a）所示区域和区域上的三个节点（按住 Ctrl 键依顺序选择一系列节点）。

Step3：单击"应用"按钮，创建如图 5-41（b）所示孔。

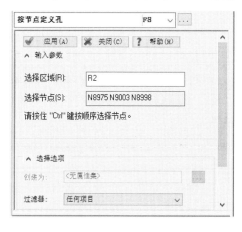

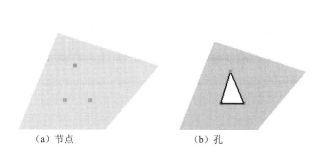

（a）节点　　　　　　　（b）孔

图 5-40　"按节点定义孔"对话框

图 5-41　按节点创建孔

# 5.3　创建模具结构

## 5.3.1　柱体

在 Moldflow 中的柱体单元有零件柱体、浇注系统和冷却系统等。

Step1：选择本命令会弹出如图 5-42 所示对话框。

Step2：在"输入参数"区中输入两个相应节点的坐标值或直接选取两个已有节点。

Step3：单击"选择选项"区"创建为"右侧的 按钮，弹出如图 5-43 所示对话框，通过单击"新建"按钮，在如图 5-44 所示列表中选取需要的柱体属性。

Step4：依次单击"确定""应用"按钮即可创建相应的柱体单元。

图 5-42　"创建柱体单元"对话框　　　图 5-43　"指定属性"对话框　　　图 5-44　柱体属性列表

## 5.3.2　流道系统

"流道系统"可以用来自动创建注射模具的浇注系统，但对于较为复杂或不规则的浇注系统通常需要通过手工创建节点、曲线，并进行相应的设置来完成。

浇注系统创建的具体操作详见第 6 章"浇注系统创建"。

## 5.3.3　冷却回路

"冷却回路"可以用来自动创建注射模具的冷却系统，同样对于较为复杂或不规则的冷却系统通常需要通过手工创建节点、曲线，并进行相应的设置来完成。

冷却系统创建的具体操作详见第 7 章"温控系统创建"。

## 5.3.4　镶件

镶嵌在塑料制品内部的金属或非金属件（如玻璃、木材或已成型的塑料等）称为镶件。镶入镶件的目的主要是提高塑件的局部强度，满足某些特殊的使用要求（如导电、导磁、耐磨和装配连接等）及保证塑件的精度、尺寸形状的稳定性等。在 Moldflow 中可以先将塑件导入进行网格划分，然后利用本命令创建镶件。

选择本命令会弹出如图 5-45 所示对话框，在"输入参数"区的"选择"栏中选取镶件对应的网格单元，在"方向"栏中确定镶件创建的方向（可选 X、Y、Z 轴），在"投影距离"部分指定镶件的高度，然后单击"应用"按钮即可创建镶件。

【实例应用】在已有模型的圆孔处创建一个高为 10mm 的金属镶件。

Step1：打开网格模型"实例模型\chapter5\5-3\5-3.mpi"，如图 5-46 所示。

图 5-45 "创建模具镶件"对话框　　　　　图 5-46 模型

Step2：选择"镶件"命令。

Step3：在"选择"栏中选取圆孔内的三角形单元（同时按下 Ctrl 键）。

Step4：在"方向"栏中设置垂直于平板，由模型显示区右下角三维坐标系确定为 Z 轴。

Step5：在"指定的距离"栏中输入 10。

Step6：单击"应用"按钮，创建如图 5-47 所示结果。

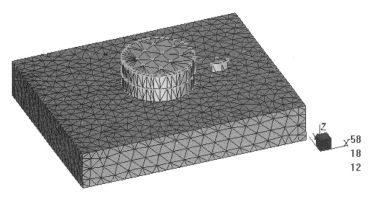

图 5-47 创建结果

### 5.3.5 模具镶块

"模具镶块"可以创建一个包围模型的长方体模具表面，即模具的动、定模块。

Step1：选择本命令会弹出如图 5-48 所示对话框。

Step2：在"原点"区中可以选择"居中"（系统自动以模型中心作为长方体模块中心），也可以自定义中心坐标值；在"尺寸"区中根据模型三维尺寸输入相应的三维尺寸"X"、"Y"和"Z"，这里按照如图 5-48 所示设置。

Step3：单击"完成"按钮，创建如图 5-49 所示结果。

图 5-48　"模具和镶块向导"对话框　　　　图 5-49　模具表面创建结果

### 5.3.6 型腔重复

在一模多腔（相同型腔）布局的情况下，一般在导入模型并对其进行网格划分和修复完成后，利用本命令进行多腔线性布局。

Step1：选择本命令会弹出如图 5-50 所示对话框。

Step2：在对话框中根据型腔布局需要输入相应的参数。

在"型腔数"栏中输入需创建型腔的总数，这里输入"4"。

在"列"栏中输入列数，这里输入"2"。

在"行"栏中输入行数（行数或列数必须是型腔数的一个因子）。

在"列间距"栏中输入列间距，这里输入"200"。

在"行间距"栏中输入行间距，这里输入"100"。

设置好以后可以单击"预览"按钮查看效果。

Step3：单击"完成"，创建如图 5-51 所示结果。

【提示】这里的"行"指沿 X 轴方向，"列"指沿 Y 轴方向。

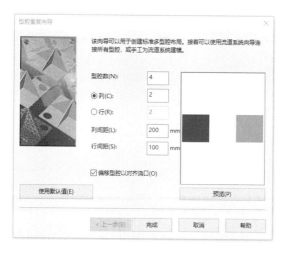

图 5-50 "型腔重复向导"对话框

图 5-51 型腔重复向导结果

### 5.3.7 柱体单元

"柱体单元"可将流道系统的双层面或 3D 网格表示简化为柱体单元。

选择本命令会弹出如图 5-52 所示对话框。

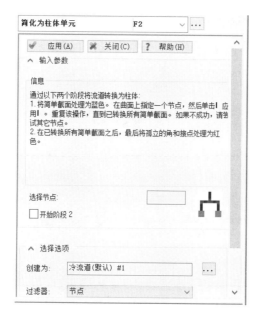

图 5-52 "简化为柱体单元"对话框

# 5.4 表面操作

表面操作菜单如图 5-53 所示，具体功能如下。

图 5-53　表面操作菜单

## 5.4.1　曲面边界诊断

"曲面边界诊断"用来诊断模型的边界线（包括外部边界线和内部边界线）是否正确或有效。

Step1：选择本命令会弹出如图 5-54 所示对话框。

Step2：在"输入参数"区中根据需要勾选相应选项。

Step3：单击"显示"按钮，显示诊断结果。

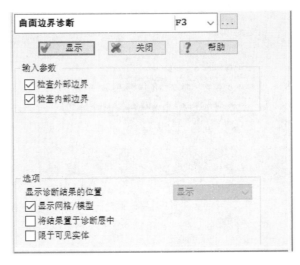

图 5-54　"曲面边界诊断"对话框

## 5.4.2　曲面连通性诊断

"曲面连通性诊断"用来诊断模型曲面的连通性，检查模型中是否存在自由边和多重边。

Step1：选择本命令会弹出如图 5-55 所示对话框。

Step2：在"输入参数"区中根据需要勾选相应选项。

Step3：单击"显示"按钮，显示诊断结果。

图 5-55　"曲面连通性诊断"对话框

## 5.4.3　曲面修复工具

曲面修复工具包括"查找曲面连接线"、"编辑曲面连接线"和"删除曲面连接线",主要用来修复模型曲面中存在的缺陷,选择后分别弹出如图 5-56、图 5-57、图 5-58 所示对话框。

图 5-56　"查找曲面连接线"对话框

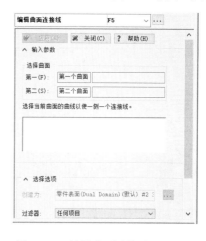

图 5-57　"编辑曲面连接线"对话框

图 5-58　"删除曲面连接线"对话框

# 5.5 实用程序

## 5.5.1 移动

"移动"可以方便地实现对模型或单元的移动和复制等操作，其子菜单如图 5-59 所示，命令左侧图标同工具栏中对应按钮。

### 1．平移

Step1：选择本命令会弹出如图 5-60 所示对话框。

Step2：在"输入参数"区的"选择"栏中选取要移动的模型（可以是 STL 模型、网格、节点、单元等），在"矢量（x, y, z）"栏中输入移动矢量值"50 0 50"（控制沿 X、Y、Z 轴方向的位移）。

Step3：根据需要选择"移动"或"复制"单选项，这里选择"复制"单选项；在"数量"栏中输入"2"。

Step4：单击"应用"按钮，创建如图 5-61 所示结果。

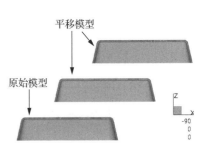

图 5-59　"移动"子菜单　　　　图 5-60　"平移"对话框　　　　图 5-61　平移模型

### 2．旋转

Step1：选择本命令会弹出如图 5-62 所示对话框。

Step2：在"输入参数"区的"选择"栏中选取要旋转的模型（可以是 STL 模型、网格、节点、单元等），在"轴"栏中选取模型旋转的轴（可选 X、Y、Z 轴），在"角度"栏中输入需要旋转的角度值，"参考点"指旋转参考点（默认为系统坐标系原点）。

Step3：根据需要选择"移动"或"复制"单选项，这里选择"复制"单选项；在"数量"栏中输入"1"。

Step4：单击"应用"按钮，创建如图 5-63 所示结果。

图 5-62 "旋转"对话框

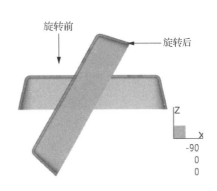

图 5-63 旋转模型

【说明】轴与角度按照右手螺旋法则确定，角度前加"-"号表示反方向。

### 3. 3 点旋转

Step1：选择本命令会弹出如图 5-64 所示对话框。

Step2：在"输入参数"区的"选择"栏中选取要旋转的模型（可以是 STL 模型、网格、节点、单元等）；在"坐标（x, y, z）"部分分别输入三个节点的坐标值，"第一"栏中节点将旋转成为系统默认坐标系的原点，"第二"栏中节点与"第一"栏中节点所确定的直线，将旋转成为坐标系的 X 轴，"第三"栏中节点与前面两个节点所确定的平面，将旋转成为坐标系 XY 平面，这里按照如图 5-64 所示设置三个坐标。

Step3：根据需要选择"移动"或"复制"单选项，这里选择"复制"单选项。

Step4：单击"应用"按钮，创建如图 5-65 所示结果。

图 5-64 "3 点旋转"对话框

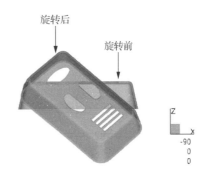

图 5-65 3 点旋转模型

### 4. 缩放

Step1：选择本命令会弹出如图 5-66 所示对话框。

**Step2**：在"输入参数"区的"选择"栏中选取要旋转的模型（可以是 STL 模型、网格、节点、单元等）；在"比例因子"栏中输入"0.5"（小于 1 缩小，大于 1 放大）；在"参考点"栏中输入参考中心坐标值，默认为"0.0 0.0 0.0"。

**Step3**：根据需要选择"移动"或"复制"单选项，这里选择"复制"单选项。

**Step4**：单击"应用"按钮，创建如图 5-67 所示结果。

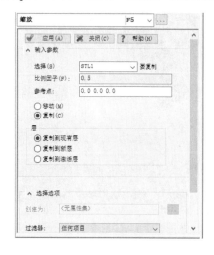

图 5-66　"缩放"对话框

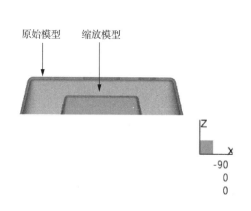

图 5-67　缩放模型

### 5. 镜像

**Step1**：选择本命令会弹出如图 5-68 所示对话框。

**Step2**：在"输入参数"区的"选择"栏中选取要旋转的模型（可以是 STL 模型、网格、节点、单元等）；在"镜像"栏中可选"XY 平面""YZ 平面""XZ 平面"三个选项，这里选择"YZ 平面"；在"参考点"栏中输入"80 0 0"（定义的镜像平面穿过该节点并平行于 YZ 平面）。

**Step3**：根据需要选择"移动"或"复制"单选项，这里选择"复制"单选项。

**Step4**：单击"应用"按钮，创建如图 5-69 所示结果。

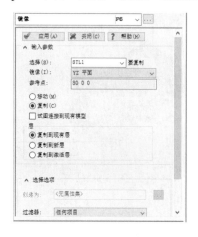

图 5-68　"镜像"对话框

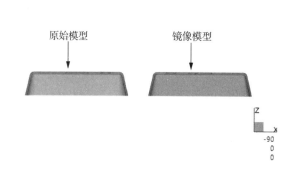

图 5-69　镜像模型

### 5.5.2 查询

Step1：选择本命令会弹出如图 5-70 所示对话框。

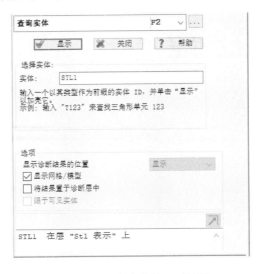

图 5-70 "查询实体"对话框

Step2：在"选择实体"区的"实体"栏中选取需要查询的实体（可以是 STL 模型、节点或三角形单元等）。

Step3：单击"显示"按钮即可显示查询结果。（一般勾选"选项"区的"将结果置于诊断层中"复选框，这样通过仅显示"查询的实体"层即可方便地查找到相应实体。）

【提示】查询节点，输入如 N123（N 代表节点，123 代表所查询节点的编号）；查询三角形单元，输入如 T234（T 代表三角形单元，234 代表所查询三角形单元的编号）；查询柱体，输入如 B345（B 代表柱体，234 代表所查询柱体的编号）。

## 本章课后习题

1. 利用几何工具完成本章引例模型中四个凸台的创建（见"实例模型\chapter5\课后习题\习题 1"）。

2. 试在如图 5-71 所示模型（见"实例模型\chapter5\课后习题\习题 2"）的方孔内创建镶件，高为 8mm。

图 5-71 练习模型

# 第6章 »»»»»»
# 浇注系统创建

教学目标 »

通过本章的学习，了解注射模浇注系统组成及其结构设计要点，熟悉 Moldflow 浇注系统的向导创建和手工创建的基本步骤，熟练运用合适方法进行不同类型浇注系统的创建，掌握 Moldflow 浇注系统的创建方法和技巧。

教学内容 »

| 主 要 项 目 | 知 识 要 点 |
|---|---|
| 浇注系统 | 注射模浇注系统作用、组成、各部分结构设计要点 |
| 向导创建 | 向导创建对话框功能、适用场合及各种浇注系统向导创建方法和步骤 |
| 手工创建 | 手工创建方法、适用场合，不同浇口形式创建步骤 |

引例

在注射成型分析之前，我们必须初步拟定塑件所采用的模具方案，对分型面、模腔数量及其布局、浇注系统和冷却系统形式等有个统筹的考虑。

图 6-1 所示为由第 4 章引例完成修复的网格模型，试采用不同布局、不同浇注系统形式进行创建和设置。

图 6-1　网格模型

# 6.1　浇注系统简介

浇注系统是将从注塑机喷嘴射出的熔融塑料输送到模具型腔内的通道，如图 6-2 所示。通过浇注系统，塑料熔体将模具型腔充填满并使注射压力有效传递到型腔的各个部位，使塑件组织密实及防止成型缺陷的产生。

在注射成型模具中，常见的浇注系统有普通浇注系统（冷流道）和热流道浇注系统。

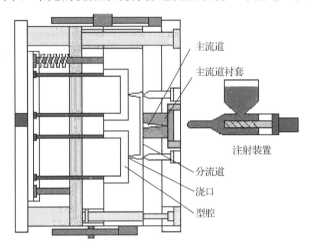

图 6-2　普通浇注系统示意图

## 6.1.1　普通浇注系统组成

普通浇注系统一般由如图 6-3 所示四个部分组成：主流道、分流道、浇口、冷料穴。下面结合 Moldflow 软件使用需要分别介绍各部分的结构和尺寸设计。

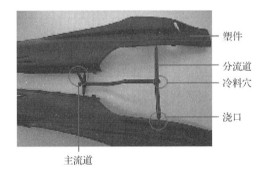

图 6-3　普通浇注系统实物图

### 1. 主流道设计

主流道垂直于分型面，应尽可能设置在模具的对称中心位置上。在实际使用中，模具的主流道部分常设计成可拆卸更换的主流道衬套式（俗称浇口套），为使凝料顺利拔出，其主要形状、尺寸及技术要求见表 6-1。

表 6-1　主流道的主要形状、尺寸及技术要求

单位：mm

| 符　号 | 名　　称 | 尺寸或技术要求 |
|---|---|---|
| $d$ | 主流道小端直径 | 注塑机喷嘴孔径 $d_0$+（0.5～1） |
| $D$ | 主流道大端直径 | $d + 2L \mathrm{tg} \dfrac{\alpha}{2}$ |
| SR | 主流道始端球面半径 | 喷嘴球面半径 $SR_0$+（1～2） |
| $h$ | 球面配合高度 | 3～5 |
| $\alpha$ | 主流道锥角 | 2°～6°（塑料流动性差时取大值） |
| $L$ | 主流道长度 | 结合模具结构尽量≤60 |
| $r$ | 转角半径 | 1～3 |

注：表中加粗项为 Moldflow 中经常用到的参数。

### 2．分流道设计

分流道起改变熔体流向和均衡送料的作用，在多型腔或单型腔多浇口进料时均需在相应的分型面上设置分流道。

1）分流道的截面形状与尺寸

分流道的截面形状应尽量使其比表面积（流道表面积与其体积之比）小。常用的分流道截面形式如图 6-4 所示，有圆形、梯形、U 形、半圆形及矩形等。梯形及 U 形截面分流道加工较容易，且热量损失与压力损失均不大，是最常用的形式，其尺寸可参考表 6-2 设计。

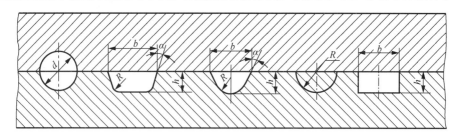

图 6-4　常用的分流道截面形式

2）分流道的长度

根据型腔在分型面上的排布情况，分流道可分为一次分流道、两次分流道甚至三次分流道。在满足模具结构的前提下，分流道的长度要尽可能短。如图 6-5 所示分流道长度的设计参数尺寸：$L_1 = 6～10\mathrm{mm}$，$L_2 = 3～6\mathrm{mm}$，$L_3 = 6～10\mathrm{mm}$，$L$ 的尺寸根据型腔的多少和型腔的大小来确定。

表 6-2　梯形和 U 形截面的推荐尺寸

单位：mm

| 截面形状 | 截面尺寸 | | | | | | | |
|---|---|---|---|---|---|---|---|---|
| | $b$ | 4 | 6 | （7） | 8 | （9） | 10 | 12 |
| | $h$ | $2b/3$ | | | | | | |
| | $R$ | 一般取 3 | | | | | | |
| | $\alpha$ | 5°～15° | | | | | | |
| | $b$ | 4 | 6 | （7） | 8 | （9） | 10 | 12 |
| | $R$ | $0.5b$ | | | | | | |
| | $h$ | $1.25R$ | | | | | | |
| | $\alpha$ | 5°～15° | | | | | | |

注：括号内尺寸不推荐采用。

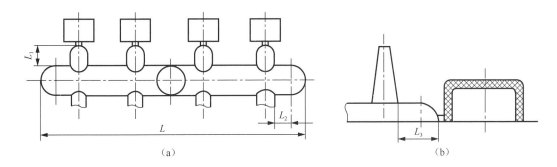

（a）　　　　　　（b）

图 6-5　分流道长度的设计参数尺寸

3）分流道的布置形式

分流道的布置有平衡式和非平衡式两类。

（1）平衡式：如图 6-6（a）所示，从主流道到各型腔的分流道和浇口的长度、形状、截面尺寸都相等。这种设计可达到各个型腔均衡地进料，均衡地补料，设计中尽可能采用平衡布局。

（2）非平衡式：如图 6-6（b）、（c）所示，一般适用于型腔数较多的情况，其流道的总长度可比平衡式布置短一些，因而可减少回头料，适合于性能和精度要求不高的塑件，为达到各型腔同时充满，必须把浇口开成不同的尺寸。

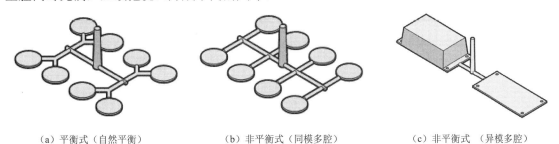

（a）平衡式（自然平衡）　　　（b）非平衡式（同模多腔）　　　（c）非平衡式（异模多腔）

图 6-6　分流道的布置形式

### 3．浇口设计

浇口设计包括浇口类型、浇口位置、浇口数量和尺寸等方面的设计，因此浇口的设计要充分考虑塑件外观、尺寸、壁厚及模具的具体布局等多方面的因素。

除直接浇口外，浇口是浇注系统中截面最小的部分，对熔体剪切速率、流向、补缩、平衡进料等很多方面都起到重要的作用，因此对塑件的质量影响很大。以下简述常见浇口设计要求。

1）直接浇口

直接浇口是熔融塑料从主流道直接注入型腔的浇口，由于料流经过浇口时不受任何限制，它属于非限制性浇口，形式如图 6-7 所示，一般设在塑件的底部。

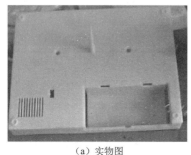 

（a）实物图 （b）示意图

图 6-7　直接浇口形式

（1）主要特点及适用场合。直接浇口主要具有流动阻力小、保压补缩作用强、利于型腔气体顺序从分型面排出等优点，但浇口截面大，去除留有明显痕迹，也容易产生内应力，引起塑件变形、缩孔等缺陷。一般适用于大型厚壁、长流程、深腔类的单模腔塑件成型。

（2）尺寸。一般仿主流道尺寸设计，尽量减少定模板和定模座板的厚度（控制长度）。

2）侧浇口

侧浇口一般开设在分型面上，塑料熔体从内侧或外侧充填模具型腔，其截面形状多为矩形（扁槽），是限制性浇口，是应用较广泛的一种浇口形式，形式如图 6-8 所示，一般设在塑件的侧面。

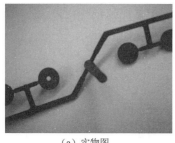 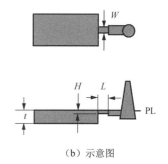

（a）实物图 （b）示意图

图 6-8　侧浇口形式

（1）主要特点及适用场合。侧浇口主要具有加工容易、方便调整充模时的剪切速率和浇口封闭时间、浇口截面小、去除方便等优点，适应性广，普遍应用于中小型塑件的多腔模具成型中。

（2）尺寸。矩形截面侧浇口的尺寸大小可参考表 6-3。

表 6-3　矩形截面侧浇口的参考尺寸

单位：mm

| 项　目 | 尺　寸　值 |
| --- | --- |
| 长度 $L$ | 2.0～3.0 |
| 宽度 $W$ | 1.5～5.0 |
| 厚度 $H$ | 0.5～2.0 或取塑件壁厚的 1/3～2/3 |

3）点浇口

点浇口是一种截面尺寸很小的浇口，也叫针点式浇口，形式如图 6-9 所示，一般设在塑件的顶部。

（a）实物图

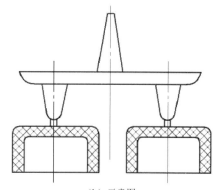

（b）示意图

图 6-9　点浇口形式

（1）主要特点及适用场合。点浇口由于截面积较小，因此具有以下特点。

① 料流通过时，压力差加大，较大地提高了剪切速率并产生较大的剪切热，从而降低黏度，提高流动性，利于填充。

② 去除容易，且痕迹小，可自动拉断，利于自动化操作。

③ 压力损失大，补缩效果差，易缩孔。

点浇口模具须采用三板式双分型面（定模部分），适用于黏度随剪切速率变化而明显改变的塑料，可用于一模多腔成型或单腔多浇点成型。

（2）尺寸。点浇口尺寸如图 6-10 所示。

4）潜伏式浇口

潜伏式浇口又称隧道浇口，常见形式有如图 6-11 和图 6-12 所示三种。

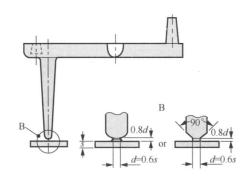

图 6-10　点浇口尺寸

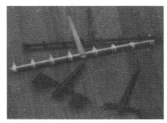

图 6-11　潜伏式浇口实物图

（1）主要特点及适用场合。潜伏式浇口由点浇口演变而来，具备点浇口的特点；分流道布置及形式和侧浇口系统相似，在脱模或分型时利用其剪切力自动切断浇口，塑件不需进行浇口处理；主要适用于外表面质量相对较高的塑件成型。

（2）尺寸。外形为锥面、截面为圆形或椭圆形，尺寸设计可参考点浇口，角度如图 6-13 所示。

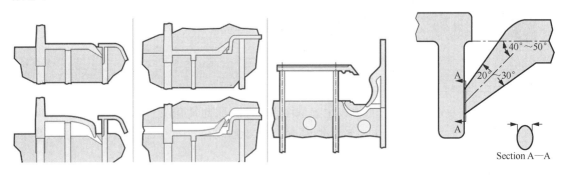

图 6-12　潜伏式浇口示意图　　　　　　　图 6-13　潜伏式浇口尺寸

5）扇形浇口

扇形浇口是一种沿浇口方向宽度逐渐增大、厚度逐渐减小的呈扇形的侧浇口，形式如图 6-14、图 6-15 所示，一般设在塑件的侧面。

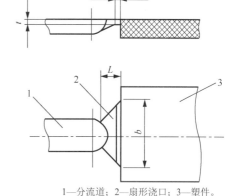

1—分流道；2—扇形浇口；3—塑件。

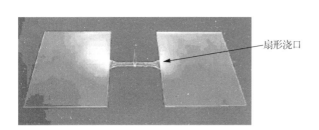

图 6-14　扇形浇口实物图　　　　　　　　图 6-15　扇形浇口示意图

（1）适用场合。适用于成型横向尺寸较大的薄片状塑件及平面面积较大的扁平塑件，如盖板、标卡和托盘类等。

（2）尺寸。与型腔接合处矩形台阶的长度 $l$ =1.0～1.3mm，厚度 $t$ = 0.25～1.0mm，进料口的宽度 $b$ 视塑件大小而定，一般取 6mm 至浇口处 1/4 型腔侧壁的长度，整个扇形的长度 $L$ 可取 6mm 左右。

6）平缝浇口

平缝浇口形式如图 6-16 所示，主要适用于成型大面积的扁平塑件。

浇口厚度 $t$ =0.25～1.5 mm，浇口长度 $l$ = 0.65～1.2 mm，其长度应尽量短，浇口宽度 $b$ 为对应型腔侧壁宽度的 25%～100%。

除以上几种经常采用的浇口外，还有轮辐式浇口（如图 6-17、图 6-18 所示）、爪形浇口（如图 6-19 所示）、护耳浇口（如图 6-20 所示）等形式，这里由于篇幅所限，不再赘述。

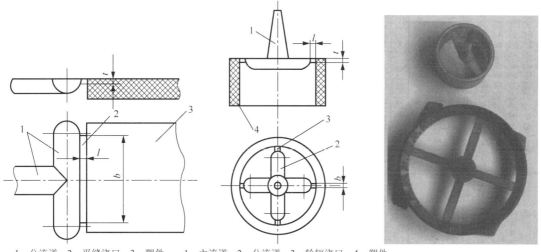

1—分流道；2—平缝浇口；3—塑件。　　1—主流道；2—分流道；3—轮辐浇口；4—塑件。

图 6-16　平缝浇口示意图　　　图 6-17　轮辐式浇口示意图　　　图 6-18　轮辐式浇口实物图

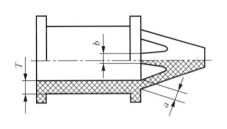

图 6-19　爪形浇口示意图

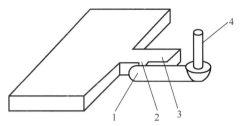

1—分流道；2—侧浇口；3—护耳；4—主流道。

图 6-20　护耳浇口示意图

### 4. 冷料穴

冷料穴主要是用来容纳注射间隔所产生的冷料，以免冷料堵塞浇口，一般开设在主流道对面的动模板上，具体形式与拉料杆配合。有时因分流道较长，塑料熔体充模的温降较大时，也要求在其延伸端开设较小的冷料穴，以防止分流道末端的冷料进入型腔。

在 Moldflow 软件浇注系统创建中，冷料穴一般不体现，所以也不需另外设置。

## 6.1.2　浇口位置选择原则

浇口位置的选择需要根据塑件的结构工艺及特征、成型质量和技术要求，并综合分析塑料熔体在模内的流动特性、成型条件等因素。通常下述几项原则在设计实践中可供参考。

（1）浇口开设在塑件截面最厚的部位。

（2）避免产生喷射和蠕动（蛇形流），特别是在使用低黏度塑料熔体时更应注意，通过扩大浇口尺寸、采用冲击型浇口或护耳浇口，使料流直接流向型腔壁或粗大型芯，可防止浇口处产生喷射现象而在充填过程中产生波纹状痕迹。

（3）尽量缩短熔体的流动距离。

（4）尽可能减少或避免熔接痕，提高熔接强度。

（5）应有利于型腔中气体的排出。

（6）不在承受载荷的部位设置浇口。

（7）考虑对塑件外观质量的影响。

（8）考虑高分子定向对塑件性能的影响。

（9）防止料流将细小型芯或嵌件挤压变形。

需要指出的是，上述这些原则在应用时常常会产生某些不同程度的相互矛盾，应综合分析权衡，分清主次因素，根据具体情况确定出比较合理的浇口位置，以保证成型性能及质量。

## 6.1.3　热流道浇注系统

热流道浇注系统包括绝热式和加热式两种，常用的就是指加热式热流道浇注系统。在成型过程中，通过对浇注系统加热使从注塑机喷嘴送往浇口的塑料始终保持熔融状态。相较冷流道而言，在节约原材料、改善制件质量、力学性能及提高自动化程度等方面具有突出的优势，因此，自 1940 年取得热流道专利以来，热流道浇注系统逐渐得到了广泛的应用。目前，欧美的热流道模具占注射模总数的 80% 左右，尤其在大型塑件的注射模中占有率更高。热流道注射模示意图如图 6-21 所示。

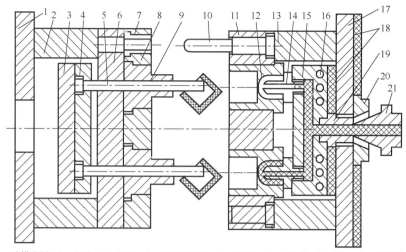

1—动模座板；2—垫块；3—推板；4—推杆固定板；5—推杆；6—支承板；7—导套；8—动模板；

9—型芯；10—导柱；11—定模板；12—凹模；13—垫块；14—喷嘴；15—热流道板；16—加热器孔；

17—定模座板；18—绝热层；19—浇口套；20—定位圈；21—二级喷嘴。

图 6-21　热流道注射模示意图

热流道浇注系统如图 6-22 所示，通常包含以下几个部分。

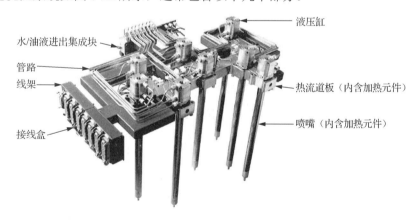

图 6-22　热流道浇注系统

### 1．热流道板

热流道板的主要任务是恒温地将熔体从主流道送入各个单独喷嘴，在熔体传送过程中，熔体的压力降尽可能减小，且不允许材料降解。常用热流道板的形式有一字型、H 型、Y 型、十字型等。

### 2．喷嘴

喷嘴将熔体从热流道板送入模具型腔。常用的有开放式、针阀式等喷嘴，如图 6-23 所示。

（a）开放式喷嘴　　　　　　（b）针阀式喷嘴

图 6-23　喷嘴形式

### 3．加热元件

加热元件用来加热并保证流道内熔体一直处于熔融状态。常用的有加热棒、加热圈、管式加热器及螺旋式加热器等。

### 4．温控器

温控器用来精确控制加热元件的温度。常用的有通断式、比例控制式、新型智能化温控器。

### 5．辅助附件

辅助附件有密封圈、线架和接线盒等。

热流道注射模和热流道浇注系统实例如图 6-24 所示。

 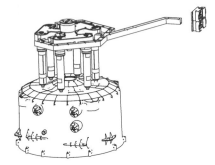

（a）热流道注射模实例　　　　　　　　　　　　　（b）热流道浇注系统实例

图 6-24　热流道注射模和热流道浇注系统实例

# 6.2　浇注系统创建方法

Moldflow 中常见浇口形式如图 6-25 所示。

在划分网格时，通常浇口或浇口面截面至少有三个单元，这对正确计算剪切速率和浇口冻结时间非常重要。对于圆锥柱体浇口单元，按照锥体中的平均值计算剪切速率（如一端的锥体单元是 1.0mm，另一端是 3.0mm，则将使用 2.0mm 直径的单元计算剪切速率）。

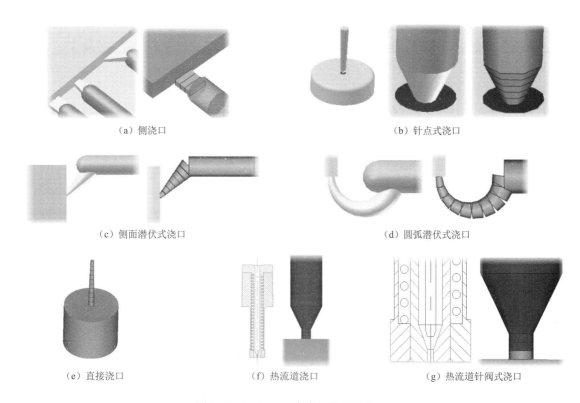

（a）侧浇口　　　　　　　　　　（b）针点式浇口

（c）侧面潜伏式浇口　　　　　　（d）圆弧潜伏式浇口

（e）直接浇口　　　　（f）热流道浇口　　　　（g）热流道针阀式浇口

图 6-25　Moldflow 中常见浇口形式

　　图 6-26 显示了潜伏式浇口网格划分的四个示例。第一示例不符合要求，因为浇口中只有一个单元。第二示例中，浇口的单元数为建议的最小单元数（当浇口拔模角较大时，每个单元的直径会相差较大）。第三示例更为理想，浇口有六个单元，相对第二示例，剪切速率和冻结时间更准确。第四示例是为浇口建模的最佳方式，具有在三个入口直径处采用恒定直径的单元，但此浇口的几何建模会耗费更多时间。

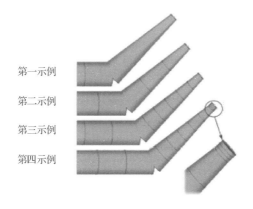

第一示例

第二示例

第三示例

第四示例

图 6-26　浇口单元

浇注系统的创建主要有以下两种方法。

（1）系统向导自动创建。菜单"几何-流道系统"命令可以帮助我们利用系统向导自动创建注射模具的浇注系统，本创建方法效率高，但主要适用于比较简单和规则的浇注系统。

（2）手工创建。对于较为复杂或不规则的浇注系统，往往通过手工来创建（具体方法见 6.4 节），虽然较为费时，但可以创建出符合各种实际需要的浇注系统。

# 6.3  普通浇注系统向导创建

## 6.3.1  功能介绍

下面介绍向导创建浇注系统的步骤和功能。

### 1．打开模型

启动 AMI，打开相应模型（已经完成导入、网格划分和修复）。

### 2．设置注射位置

选择"主页-注射位置"命令或双击任务区的" 设置注射位置... "图标，在网格模型的相应位置设置注射点（浇口位置）。

【提示】利用系统向导自动创建浇注系统之前，必须在塑件模型上设置浇口位置（数量和位置根据实际情况而定）。

### 3．创建浇注系统

Step1：设置布局。选择"几何-流道系统"命令，弹出如图 6-27 所示"布局"对话框（浇口位置不同略有差异）。

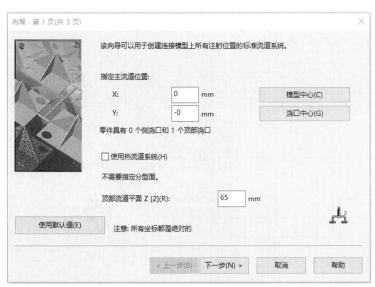

（a）顶部浇口

图 6-27  向导一："布局"对话框

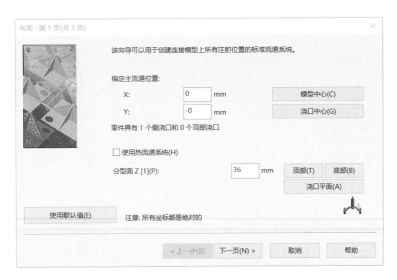

（b）侧浇口

图 6-27　向导一："布局"对话框（续）

"指定主流道位置"区用于确定主流道在 XY 平面内的位置，可以直接输入 X、Y 坐标位置，但一般都根据需要单击以下两个选项按钮之一来确定。

（1）"模型中心"：表示主流道位置位于模型中心点，"X""Y"栏会自动显示模型中心点的坐标值。

（2）"浇口中心"：表示主流道位置位于已定义浇口的中心点，"X""Y"栏会自动显示浇口中心点的坐标值。如设置一个注射点，则显示该注射点坐标；如设置多个注射点，则显示所有注射点的几何中心坐标，如图 6-28 所示。图 6-29 所示为两腔布局，圈定节点表示设置浇口的位置，则在"指定主流道位置"区中均建议单击"浇口中心"按钮，然后，对"X"栏中显示的坐标值根据实际情况调整适当的增量（如图所示：X 正向增加）。

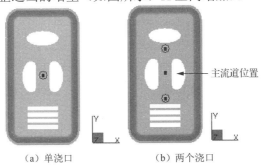

（a）单浇口　　　　　　　（b）两个浇口

图 6-28　单腔布局

"使用热流道系统"复选框用于确定是否设置热流道系统，勾选后即表示创建热流道系统，而且会显示"顶部流道平面 Z"栏，需输入相应数值。

【提示】"顶部流道平面 Z"指如图 6-30 所示"分型面一"的位置，一般在热流道系统和点浇口形式时才设置，其他浇口形式该值不需设置。

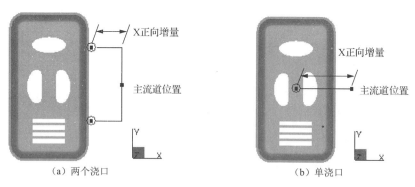

（a）两个浇口　　　　　　　　　　（b）单浇口

图 6-29　两腔布局

"分型面 Z"栏用于定义模具动、定模之间的分型面位置，可以根据需要单击"顶部"、"底部"和"浇口平面"三个选项按钮之一来确定，其含义如图 6-31 所示。如是侧浇口，可以单击"底部"或"浇口平面"按钮；如是潜伏式浇口，则单击"底部"按钮。

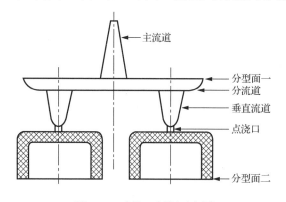

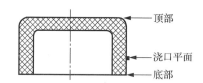

图 6-30　点浇口侧视示意图　　　　　图 6-31　潜伏式浇口侧视示意图

Step2：设置主流道/流道/竖直流道尺寸。单击"下一步"按钮，进入如图 6-32 所示"主流道/流道/竖直流道"对话框。

在"主流道"区中根据实际需要设置主流道的"入口直径"、"长度"和"拔模角"值（参见表 6-1）。

在"流道"区中设置分流道直径尺寸，也可以勾选"梯形"复选框，将分流道设置成梯形截面。

"竖直流道"指在 Z 向上的流道，一般在热流道系统或点浇口形式时才设置，其他浇口形式该值不需设置。

Step3：设置浇口尺寸。单击"下一步"按钮，进入如图 6-33 所示"浇口"对话框，共有"侧浇口""顶部浇口"两个设置区。当注射点（浇口）位置设置在塑件顶部时，"侧浇口"区灰色显示，只能设置"顶部浇口"尺寸；其他情况下"顶部浇口"区灰色显示，只能设置"侧浇口"尺寸。

在"侧浇口"区中根据需要设置"入口直径"和"拔模角"控制浇口截面大小和形状，再通过"长度"和"角度"控制浇口长度和角度。

在"顶部浇口"区中主要针对热流道系统和点浇口形式时设置相应的值。

Step4：创建浇注系统。单击"完成"按钮，完成创建。

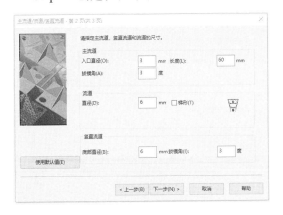

图6-32 向导二："主流道/流道/竖直流道"对话框

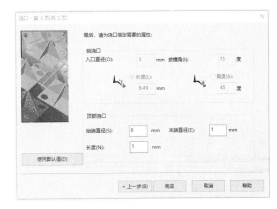

图6-33 向导三："浇口"对话框

## 6.3.2 实例操作

下面以第4章引例修复完的网格模型为例，按照一模两腔两个侧浇口形式，运用向导创建如图6-29（a）所示布局的浇注系统。

### 1．打开模型

启动AMI，单击"打开工程"按钮，选择"实例模型\chapter6\6-3\4-1.mpi"，单击"打开"按钮即可打开模型。

### 2．设置注射位置

Step1：选择"几何-创建局部坐标系"命令，创建一个以（0 0 0）为原点的局部坐标系，可以看到原点在该模型分型面上，且在模型底部的中心，如图6-34所示。

Step2：双击任务区的" 🔧 设置注射位置…"图标，在网格模型如图6-34所示位置设置一个注射点。

Step3：选择"几何-移动-镜像"命令，选择Step2中设定的注射节点，参考原点（0 0 0）关于YZ平面复制镜像，创建第二个对称注射点。

Step4：选择"网格-合并节点"命令，分别选择Step3中创建的注射节点和模型上与其最接近的节点，单击"应用"按钮，完成合并。（如果模型的网格节点本来对称，本步骤可省略。）

### 3．创建浇注系统

Step1：选择"几何-流道系统"命令，弹出如图6-35所示对话框。

在"指定主流道位置"区中单击"浇口中心"按钮，然后将"Y"栏中值由"-37"改成"-80"。

在"分型面Z"栏中单击"底部"或"浇口平面"按钮。

Step2：单击"下一步"按钮，进入如图6-36所示对话框。

在"主流道"区的"入口直径""长度""拔模角"栏中分别输入"4""60""3"。

在"流道"区的"直径"栏中输入"6"。

Step3：单击"下一步"按钮，进入如图 6-37 所示对话框。

图 6-34　注射点位置

图 6-35　"布局"对话框

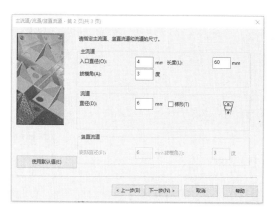

图 6-36　"主流道/流道/竖直流道"对话框

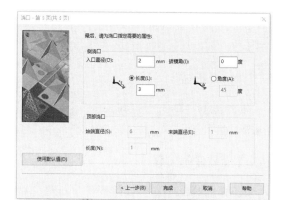

图 6-37　"浇口"对话框

图 6-38　创建结果

在"侧浇口"区的"入口直径""拔模角""长度"栏中分别输入"2""0""3"。

Step4：创建浇注系统。单击"完成"按钮，创建如图 6-38 所示结果。

【提示】浇注系统设计中，建议流道从主流道到浇口逐渐减小，以保证几何平衡和保持均匀的压力梯度。

### 4．设置出现次数

由于要求一模两腔的结构形式，而以上设置还只是对称的一腔形式，所以下面我们通过属性中的"出现次数"进行相应设置，以达到一模两腔的同等效果。

Step1：设置分流道出现次数。选取创建的二级分流道，选择"编辑"命令或单击鼠标右键选择"属性"命令，弹出如图 6-39 所示"冷流道"属性框，在"出现次数"栏中输入"2"，单击"确定"按钮。

图 6-39　"冷流道"属性框

Step2：设置浇口出现次数。选取创建的全部浇口，选择"编辑"命令，弹出如图 6-40 所示属性框，在"出现次数"栏中输入"2"，单击"确定"按钮。

图 6-40　"冷浇口"属性框

【提示】在向导里设置的分流道只能是圆形或梯形截面，浇口只能是圆形截面，但通过属性设置可以更改其截面，如图 6-39、图 6-40 所示属性框的"截面形状是"栏中有如图 6-41 所示几种可选项，可以根据需要选择设置，然后通过单击"编辑尺寸"按钮，可在弹出的"横截面尺寸"对话框中对相应尺寸进行编辑。

Step3：设置塑件出现次数。选取塑件模型，选择"编辑"命令，弹出如图 6-42 所示属性框，在"出现次数"栏中输入"2"，单击"确定"按钮。

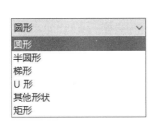

图 6-41　截面形状可选项　　　　图 6-42　"零件表面（Dual Domain）"属性框

# 6.4 普通浇注系统手工创建

手工创建的方法主要有以下三种。

（1）通过创建柱体，再进行属性设置和"重新划分网格"命令创建。

（2）通过创建浇注系统的中心轨迹线，再进行属性设置和"网格生成"命令创建。

（3）对于较复杂的浇注系统，可以先在其他设计软件中与产品一起将浇注系统用曲线建立好，然后导出 IGS 格式，由 Moldflow 导入，再按照浇注系统各部分进行属性设置和网格划分。

下面以实例来介绍手工创建过程。

## 6.4.1 实例操作一：柱体创建直接浇口

以 2.5.1 节分析得到的最佳浇口位置模型为例介绍应用"几何""网格"等工具来手工创建直接浇口。

### 1. 打开模型

启动 AMI，单击"打开工程"按钮，选择"实例模型\chapter6\6-4-1\2-1.mpi"，单击"打开"按钮即可打开如图 6-43 所示模型，其中最佳浇口位置为节点 N15687。

### 2. 偏移节点

选择"几何-节点-按偏移定义节点"命令，弹出如图 6-44 所示对话框，在"输入参数"区的"基准"栏中选取最佳注射节点 N15687，在"偏移"栏中输入"0 0 50"，单击"应用"按钮得到如图 6-45 所示结果。

图 6-43 最佳浇口位置模型          图 6-44 "按偏移定义节点"对话框

### 3. 创建柱体

Step1：选择"几何-柱体"命令，弹出如图 6-46 所示对话框，在"输入参数"区中分别选

取 N15687 和上一步创建的节点，在"柱体数"栏中输入"1"，然后单击"选择选项"区的
⋯按钮，弹出如图 6-47 所示"指定属性"对话框。

图 6-45　按偏移创建的节点　　　　　　　　图 6-46　"创建柱体单元"对话框

Step2：指定属性。单击"新建"按钮会列出如图 6-48 所示可选项，这里选择"冷主流道"
选项，然后单击"编辑"按钮，弹出如图 6-49 所示属性框。

图 6-47　"指定属性"对话框　　　　　　　　图 6-48　"新建"可选项

图 6-49　"冷主流道"属性框

Step3：编辑形状。在"形状是"栏中选择"锥体（由端部尺寸）"选项，再单击"编辑尺寸"按钮，弹出如图 6-50 所示对话框。

Step4：编辑尺寸。在"始端直径"和"末端直径"栏中分别输入"6"和"4"。

【提示】"始端"和"末端"是和选取节点顺序相对应的，即先选的节点对应"始端"，后选取的节点对应"末端"。

Step5：依次单击"确定"和"应用"按钮，完成如图 6-51 所示结果。（在单击"应用"按钮之前将模型上的锥形注射标注删除。）

图 6-50　"横截面尺寸"对话框　　　　　　　图 6-51　创建主流道结果

### 4．重新划分柱体网格

选择"网格-高级-重新划分网格"命令，弹出如图 6-52 所示"重新划分网格"对话框，在"选择要重新划分网格的实体"栏中选取上一步创建的柱体单元，在"边长"栏的后一项中输入"10"（或通过比例条进行调整），单击"应用"按钮，创建五段柱体网格的主流道。

【提示】在浇注系统划分网格时，建议流道单元长径比为 1.5～2。浇口按照前述要求至少三个单元。本步骤也可以用在如图 6-46 所示对话框的"柱体数"栏中输入段数来代替。

### 5．设置注射点

双击任务区的"🖉 设置注射位置…"图标，选取主流道顶端节点创建注射点，完成如图 6-53 所示结果。

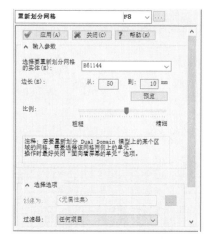

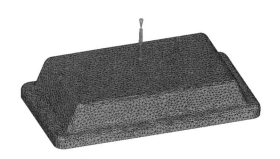

图 6-52　"重新划分网格"对话框　　　　　　图 6-53　创建注射点结果

浇注系统手工创建完，应该进行连通性检查，确保浇注系统和模型间的连通。

## 6.4.2 实例操作二：直线创建侧浇口

对应前面的向导创建，本实例仍以第 4 章引例修复完的网格模型为例，介绍运用"几何-曲线"命令来手工创建如图 6-54 所示布局的浇注系统。

### 1．打开模型

启动 AMI，单击"打开工程"按钮，选择"实例模型\chapter6\6-4-2\4-1.mpi"，单击"打开"按钮即可打开模型。

### 2．创建流道中心线

Step1：创建浇口中心线。选择"几何-曲线-创建直线"命令，弹出如图 6-55 所示对话框，在"输入参数"区的"第一"栏中选取图 6-56 中的节点 1（建议将"过滤器"设置为"节点"选项，将"创建为"默认为"建模实体"选项），在"第二"栏中输入"相对"坐标值"0 -3"，单击"应用"按钮创建浇口中心线，此时，"第一"栏中即为第二个节点的绝对坐标值。

Step2：创建二级分流道中心线。在"第二"栏中输入"相对"栏坐标值"0 -20"，单击"应用"按钮。

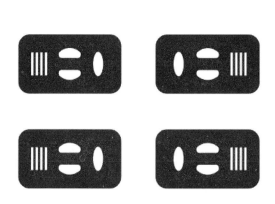

图 6-54　模型布置形式图　　　　　　　图 6-55　"创建直线"对话框

Step3：创建一级分流道中心线。在"第二"栏中输入"相对"坐标值"65"，单击"应用"按钮。

Step4：创建主流道中心线。在"第二"栏中输入"相对"坐标值"0 0 60"，单击"应用"按钮，结果如图 6-57 所示。

### 3．创建浇口

Step1：指定浇口属性。选取浇口中心线，选择"几何-指定"命令，弹出"指定属性"对话框，单击"新建"按钮，选择"冷浇口"，弹出如图 6-58 所示"冷浇口"属性框。

图 6-56 网格模型

图 6-57 创建流道中心线结果

图 6-58 "冷浇口"属性框

Step2：编辑浇口属性。将"冷浇口"属性框中属性分别进行设置（在"截面形状是"栏中选择"矩形"和"非锥体"选项，在"出现次数"栏中输入"4"），然后单击"编辑尺寸"按钮，弹出如图 6-59 所示"横截面尺寸"对话框，在"宽度"栏中输入"2.5"，在"高度"栏中输入"1.5"，然后依次单击"确定"按钮。

图 6-59 "横截面尺寸"对话框

Step3：划分浇口网格。选择"网格-生成网格"命令，弹出"生成网格"对话框，在"全局边长"栏中输入"1"，单击"立即划分网格"按钮完成浇口创建。

### 4. 创建分流道

Step1：指定分流道属性。选取二级分流道中心线（这里必须和一级分流道分开选，因为二级分流道的"出现次数"为四次，而一级分流道为两次），选择"指定"命令，指定属性为"冷流道"。

Step2：编辑分流道属性。将"冷流道"属性框中属性分别进行设置（在"截面形状是"栏中选择"圆形"和"非锥体"选项，在"出现次数"栏中输入"4"），然后单击"编辑尺寸"按钮，把横截面尺寸设置为"5"，然后依次单击"确定"按钮。

Step3：同样将一级分流道中心线指定为"冷流道"，将"冷流通"属性框中属性分别进行设置（在"截面形状是"栏中选择"圆形"和"非锥体"选项，在"出现次数"栏中输入"2"）。

Step4：划分分流道网格。选择"网格-生成网格"命令，在"全局边长"栏中输入"8"，单击"立即划分网格"按钮，完成分流道创建。

### 5．创建主流道

Step1：指定主流道属性。将主流道中心线指定属性为"冷主流道"。

Step2：编辑冷主流道属性。在如图 6-60 所示"冷主流道"属性框中将"形状是"设置为"锥体（由端部尺寸）"，然后单击"编辑尺寸"按钮，弹出如图 6-61 所示"横截面尺寸"对话框，在"始端直径"和"末端直径"栏中分别输入"6"和"4"，然后依次单击"确定"按钮。

图 6-60 "冷主流道"属性框

Step3：划分主流道网格。选择"网格-生成网格"命令，在"全局边长"栏中输入"8"，单击"立即划分网格"按钮，完成主流道创建。

### 6．设置塑件模型出现次数

选取塑件网格，将属性中的"出现次数"设置为"4"。

### 7．设置注射点

选择"主页-注射位置"命令，选取主流道顶端节点创建注射点，完成如图 6-62 所示结果。

图 6-61 "横截面尺寸"对话框

图 6-62 创建结果

**8. 删除多余节点**

选择"网格-清除节点"命令，单击"应用"按钮即可。

**9. 检查连通性**

选择"网格-连通性"命令，选取模型上的任意一个节点，单击"显示"按钮，以检查浇注系统和塑件模型整体的连通性。

## 6.4.3 实例操作三：曲线创建潜伏式浇口

由前述可知潜伏式浇口常见的有如图 6-63 所示三种形式。其中如图 6-63（c）所示形式创建与 6.4.2 节实例操作二类似，这里不再赘述。下面就以 phone 模型（见"实例模型\chapter6\6-4-3\phone.mpi"）为例介绍如图 6-63（a）、（b）所示两种形式的手工创建。

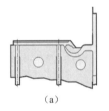
（a）

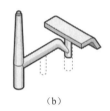
（b）

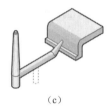
（c）

图 6-63　潜伏式浇口三种常见形式

**1. 如图 6-63（a）所示形式浇口创建**

该形式潜伏式浇口式为圆弧形，因此首先要创建潜伏式浇口的圆弧曲线，具体创建过程如下。

1）打开模型

启动 AMI，单击"打开工程"按钮，选择"实例模型\chapter6\6-4-3\phone.mpi"，单击"打开"按钮即可打开模型。

2）创建潜伏式浇口

Step1：创建圆弧节点。选择"几何-节点-按偏移定义节点"命令，弹出"按偏移定义节点"对话框，在"基准"栏中选取如图 6-64 所示节点 1，在"偏移"栏中输入"0 6"，单击"应用"按钮创建节点 2。

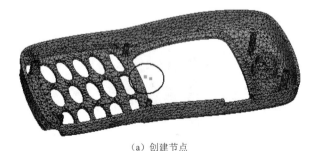
（a）创建节点

（b）局部放大图

图 6-64　浇口节点创建结果

同样，在对话框的"基准"栏中选取节点 1，在"偏移"栏中输入"0 3 -2"，单击"应用"按钮创建节点 3。

Step2：创建圆弧曲线。选择"几何-曲线-按点定义圆弧"命令，弹出如图 6-65 所示对话框，依次选取如图 6-64 所示三个节点，选择"圆弧"单选项。

Step3：设置浇口属性。单击对话框中的 ⋯ 按钮，选择"冷浇口"选项，然后如图 6-66 所示设置"圆形""锥体（由端部尺寸）"，并单击"编辑尺寸"按钮，输入如图 6-67 所示的"始端直径"和"末端直径""1"和"3"，依次单击"确定"按钮，再单击"应用"按钮，完成如图 6-68 所示结果。

图 6-65　"按点定义圆弧"对话框

图 6-66　"冷浇口"属性框

图 6-67　"横截面尺寸"对话框

图 6-68　设置浇口属性

Step4：浇口网格划分。选择"网格-生成网格"命令，在弹出的话框中设置"全局边长"为"3"，单击"立即划分网格"按钮，完成如图 6-69 所示结果。

3）创建分流道和主流道

Step1：创建分流道、主流道曲线。选择"几何-曲线-创建直线"命令，在弹出的"创建直线"对话框中，在"第一"栏中选取如图 6-64 所示节点 2，在"第二"栏中输入"相对"坐标值"0 6"，在"选择选项"区的"创建为"栏中选择"建模实体"选项，单击"应用"按钮完成分流道曲线创建；然后继续在"第二"栏中输入"相对"坐标值"0 0 20"，单击"应用"按钮完成主流道曲线创建。

Step2：指定属性。选取分流道曲线，选择"指定"命令，弹出"指定属性"对话框，单击"新建"按钮，选择"冷流道"选项，形状设置为"半圆形""非锥体"；分流道"横截面尺寸"对话框如图 6-70 所示，设置"直径""高度"分别为"5""3"。

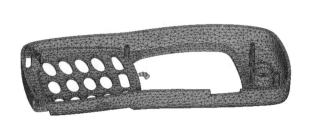

图 6-69 浇口创建结果

图 6-70 分流道"横截面尺寸"对话框

同样选取主流道曲线，指定属性为"冷主流道"，形状设置为"锥体（由端部尺寸）"；横截面尺寸设置如图 6-71 所示，"始端直径""末端直径"分别为"5""3"。

Step3：划分网格。选择"网格-生成网格"命令，在弹出的"生成网格"对话框中设置"全局边长"为"5"，单击"立即划分网格"按钮，完成如图 6-72 所示结果。

图 6-71 主流道"横截面尺寸"对话框

图 6-72 创建结果

### 2. 如图 6-63（b）所示形式浇口创建

该形式潜伏式浇口是通过顶杆端部进行浇注的，因此首先要在模型上创建局部柱体单元，具体创建过程如下。

1）打开模型

复制上述原始模型。

2）创建柱体单元

Step1：创建柱体曲线。选择"几何-曲线-创建直线"命令，在"创建直线"对话框的"第一"栏中选取节点 N4（通过"几何-查询"获取），在"第二"栏中输入"相对"坐标值"0 0 -8"。

Step2：设置柱体属性。通过对话框中的▢按钮，将其属性设置为"零件柱体"选项，在弹出的如图 6-73 所示"零件柱体"属性框中设置"圆形""非锥体""3"，然后依次单击"确定"按钮，再单击"应用"按钮，完成如图 6-74 所示结果。

Step3：柱体网格划分。选择"网格-生成网格"命令，设置"全局边长"为"3"，单击"立即划分网格"按钮，完成如图 6-75 所示结果。

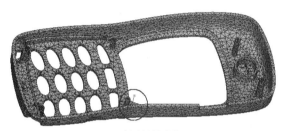

图 6-73　"零件柱体"属性框

（a）创建柱体曲线　　　　　　　　　　（b）局部放大图

图 6-74　柱体曲线创建结果

3）创建潜伏式浇口

Step1：创建潜伏式浇口曲线。选择"几何-曲线-创建直线"命令，在弹出的"创建直线"对话框中，在"第一"栏中选取如图 6-76 所示节点 1（将"新建柱体"层关闭），在"第二"栏中输入"相对"坐标值"4 3 6"。

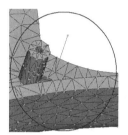

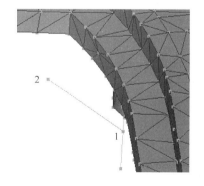

图 6-75　柱体创建结果　　　　　　　　　　图 6-76　创建曲线

Step2：设置浇口属性。单击"创建直线"对话框中的▦按钮，同设置零件柱体步骤一样，这里选择"冷浇口"选项，然后设置如图 6-77 所示参数，即"圆形""锥体（由端部尺寸）"，并单击"编辑尺寸"按钮，输入如图 6-78 所示的"始端直径"和"末端直径""1"和"3"，依次单击"确定"按钮，再单击"应用"按钮，完成属性设置。

图 6-77 "冷浇口"属性框                    图 6-78 "横截面尺寸"对话框

**Step3**:浇口网格划分。选择"网格-生成网格"命令,在弹出的"生成网格"对话框中设置"全局边长"为"3",单击"立即划分网格",完成如图 6-79 所示结果。

分流道和主流道创建同如图 6-63(a)所示形式,最后创建结果如图 6-80 所示,这里不再赘述。

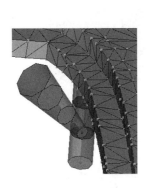

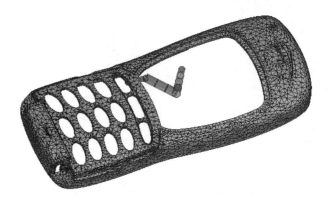

图 6-79 浇口创建结果                    图 6-80 创建结果

# 6.5 热流道系统创建

热流道根据喷嘴结构形式通常有开放式和针阀式两种。下面对热流道系统创建步骤作简单介绍。

## 6.5.1 向导创建

下面以第 4 章实例练习中修复的模型为例,采用向导来创建一模两腔、塑件顶部注塑进浇的热流道浇注系统。

### 1. 打开模型

启动 AMI,单击"打开工程"按钮,选择"实例模型\chapter6\6-5-1\4-2.mpi",单击"打开"按钮即可打开如图 6-81 所示模型。

### 2. 设置注射位置

双击任务区的" 设置注射位置... "图标,在网格模型顶端中心处设置如图 6-81 所示注射点(也可以利用"浇口位置"分析获得）。

### 3．设置型腔布局

选择"几何-型腔重复"命令，弹出"型腔重复向导"对话框，按如图 6-82 所示在"型腔数""列""列间距"栏中分别输入"2""2""150"，单击"完成"按钮。

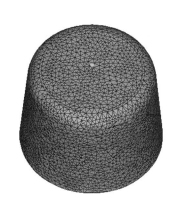

图 6-81　模型及注射点位置

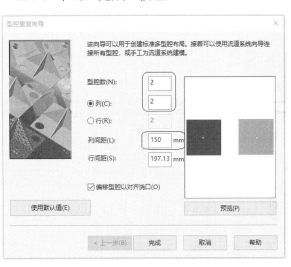

图 6-82　"型腔重复向导"对话框

### 4．创建浇注系统

Step1：设置主流道位置。选择"几何-流道系统"命令，弹出如图 6-83 所示对话框，单击"浇口中心"按钮，勾选"使用热流道系统"复选框，在"顶部流道平面 Z"栏中输入"110"。

Step2：设置流道尺寸。单击"下一步"按钮，按如图 6-84 所示对话框进行以下设置：在"入口直径"栏中输入"10"，在"长度"栏中输入"40"，在"直径"栏中输入"10"，在"底部直径"栏中输入"10"。

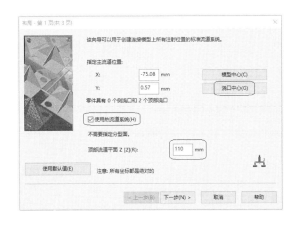

图 6-83　"布局"对话框

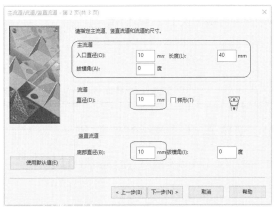

图 6-84　"主流道/流道/竖直流道"对话框

159

Step3：设置顶部浇口尺寸。单击"下一步"按钮，按如图 6-85 所示对话框进行以下设置：在"始端直径"栏中输入"1"，在"末端直径"栏中输入"1"，在"长度"栏中输入"2"。

Step4：创建浇注系统。单击"完成"按钮，创建如图 6-86 所示结果。

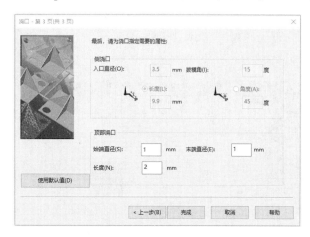

图 6-85 "浇口"对话框

图 6-86 创建结果

## 6.5.2 手工创建

热流道系统的手工创建同普通浇注系统一样，主要包括以下四个步骤。

### 1．创建曲线

根据热流道布局创建热流道中心曲线，具体操作步骤同冷流道系统创建曲线一样。

### 2．指定属性

根据热流道组成部分相应设置成热主流道、热流道和热浇口等。

### 3．编辑属性参数

根据需要编辑各属性的相关参数。

### 4．划分网格

如果各段网格边长一样，则可以一起划分，如果不一样，则各段单独划分。

【提示】通过热流道浇口属性，可以设置外部加热器温度（默认值为熔体温度）。但实际上浇口处可能稍低于熔体温度，可能接近材料的转换温度或顶出温度，可以根据需要设置该温度。

## 6.5.3 针阀式喷嘴及其设置

针阀式喷嘴可以方便地对阀浇口开闭进行控制，这样在注射成型过程中就可以自由地控制熔体从哪个阀浇口注入型腔、何时注入及以多快的速度注入等，这种技术被称为顺序注射成型技术，主要应用在单型腔的顺序注射成型和一模多腔的顺序注射成型两种情况，常见的为前者。

热流道针阀式喷嘴的应用提高了模具的成本，一定程度上限制了其广泛的应用，目前主要适用于以下场合。

（1）高质量高性能的大型制件，利用顺序注射成型技术可以在很大程度上克服或解决熔接痕和气穴的位置、数量及制件变形、翘曲等问题，可以大大改善制件的整体质量和力学性能。

（2）成型过程中保压要求不一的制件，如制件壁厚不一致时，其薄壁或如网格栅类结构处保压过高会出现溢料，而其他部分需要高保压时，就可以利用热流道顺序注射成型很好地根据制件保压时间需要来控制。

在 Moldflow 中，针阀式喷嘴只需在开放式喷嘴基础上对浇口单元属性进行修改即可实现，下面以 plate 模型为例介绍其设置过程，并与开放式热浇口填充结果作相应的比较分析。

### 1．打开模型

启动 AMI，单击"打开工程"按钮，选择"实例模型\chapter6\6-5-3 阀浇口\plate.mpi"，单击"打开"按钮即可打开如图 6-87 所示模型。

【提示】由于普通热流道和顺序注射过程中熔体流动的差异，浇口最佳位置的设计也不一样，普通热流道系统的浇口设计尽量使熔体能够同时（等温）到达、同时充满（最远端）并（各浇口）同时冻结，而针阀式顺序控制浇注系统的浇口位置设置则使每个浇口的流程尽量接近，避免某个浇口流程过长（流程比之内），而引起熔体压力降和温度降过大。如图 6-88 所示模型及分析结果见"实例模型\chapter6\6-5-3 普通热浇口\ plate.mpi"。

图 6-87　阀浇口设置　　　　　　　　　图 6-88　普通热浇口设置

### 2．设置阀浇口

Step1：选取图 6-87 中 1 处与塑件模型直接相连接浇口柱体单元（如图 6-89 所示箭头所指浇口单元），单击鼠标右键选择"属性"命令，弹出如图 6-90 所示"编辑锥体截面"对话框，选择"仅编辑所选单元的属性"单选项。

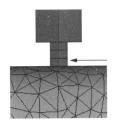

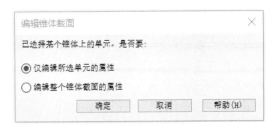

图 6-89　选择单元　　　　　　　　　图 6-90　"编辑锥体截面"对话框

Step2：单击"确定"按钮，弹出如图 6-91 所示"热浇口"属性框。

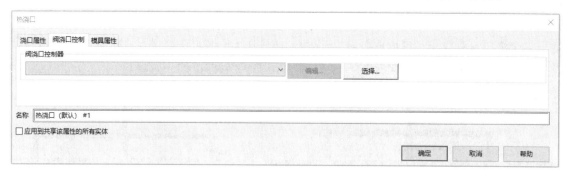

图 6-91 "热浇口"属性框

Step3：单击"阀浇口控制"选项卡，显示如图 6-92 所示"阀浇口控制"选项卡。

图 6-92 "热浇口"的"阀浇口控制"选项卡

Step4：单击"选择"按钮，弹出如图 6-93 所示"选择阀浇口控制器"对话框。

Step5：单击"描述"框中的"阀浇口控制器默认值"选项，再单击"选择"按钮重新回到如图 6-92 所示对话框，"阀浇口控制器"栏会显示"阀浇口控制器默认值"，此时"编辑"按钮也高亮显示。

Step6：单击"编辑"按钮，弹出如图 6-94 所示对话框。

图 6-93 "选择阀浇口控制器"对话框　　　　　图 6-94 "查看/编辑阀浇口控制器"对话框

Step7："阀浇口触发器"栏有如图 6-95 所示下拉可选项，这里选择"流动前沿"选项（通过熔体的流动前沿位置来控制阀浇口的开闭动作）。

【提示】在顺序注射成型分析中，我们首先可以通过"流动前沿"选项来控制浇口的开闭，然后根据分析结果再确定各浇口的开闭时间，并以此时间控制各浇口的开闭再进行分析（考虑到实际应用中，时间的控制比料流前沿控制简单可行）。

Step8：在如图 6-96 所示对话框中对"流动前沿"相关项进行设置。

图 6-95 阀浇口控制方式选项　　　　图 6-96 通过流动前沿为阀浇口定时对话框

"触发器位置"栏有"浇口"（阀浇口）和"指定"（输入节点号）两个可选项。

"延迟时间"指流动前沿到达触发器位置后经过设定时间后再开闭阀浇口。

"阀浇口打开/关闭时间"区的"打开"指阀浇口打开时间，"关闭"指阀浇口关闭的时间。本步骤选择"流动前沿"选项，则说明初始状态是关的，所以，第一行的"打开"时间为"0.00"，"关闭"时间根据需要设置；第二行以后的"打开"和"关闭"时间可以根据需要设置相应值。

这里，在"触发器位置"栏中选择"浇口"选项，在"延迟时间"栏中输入"0.00"，其他采用默认值。

【提示】阀浇口控制方式中除了"流动前沿"，还包含以下选项。

（1）时间：通过设置时间来控制阀浇口开闭动作，如图 6-97 所示。"阀浇口初始状态"栏有"打开"和"已关闭"两个可选项。若选择"打开"选项，则阀浇口时间控制区中第一行"打开"时间为"0.00"；若选择"已关闭"选项，则"打开"和"关闭"时间根据需要设置相应值。

（2）压力：通过压力大小来控制阀浇口开闭动作，如图 6-98 所示。

"阀浇口初始状态"栏同样也有"打开"和"已关闭"两个可选项。

"触发器位置"栏有"浇口"和"指定节点"两个可选项。

阀浇口压力控制区通过压力大小设定并结合阀浇口的初始状态来控制其开闭动作。

图 6-97 阀浇口时间控制器对话框　　　　图 6-98 通过压力为阀浇口定时对话框

（3）%体积：通过型腔填充的百分比来控制阀浇口开闭动作，如图 6-99 所示。

"阀浇口初始状态"栏也有"打开"和"已关闭"两个可选项。

阀浇口%体积控制区通过型腔填充的百分比设定并结合阀浇口的初始状态来控制其开闭动作。

图 6-99　通过%体积为阀浇口定时对话框

（4）螺杆位置：通过螺杆的位置来控制阀浇口开闭动作，如图 6-100 所示。

"阀浇口初始状态"栏也有"打开"和"已关闭"两个可选项。

阀浇口螺杆位置控制区通过螺杆的位置设定并结合阀浇口的初始状态来控制其开闭动作。

图 6-100　通过螺杆位置为阀浇口定时对话框

Step9：依次单击"确定"按钮，完成设置。

Step10：同样按照 Step1～Step9 对图 6-87 中三处与塑件模型直接相连接浇口柱体单元进行阀浇口属性的设置。

### 3．选择分析序列

这里采用默认"填充"分析。

### 4．选择材料

这里也采用默认材料。

### 5．设置工艺

选择"分析-工艺设置向导"命令，弹出如图 6-101 所示"工艺设置向导-填充设置"对话框，在"充填控制"栏中选择"注射时间"选项并输入"3"。

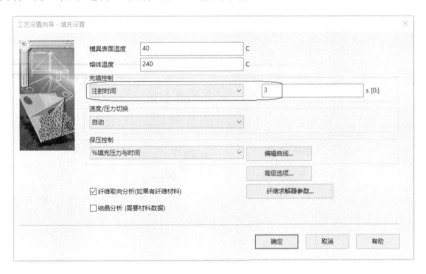

图 6-101 "工艺设置向导-填充设置"对话框

【提示】对于具有阀浇口的模型，在模拟分析时无法估计自动注射时间，必须指定一个注射时间，因此在"充填控制"栏中不能选择"自动"选项。

### 6．结果比较分析

"充填时间"结果如图 6-102 所示，当在 1.851s 时，两侧两个阀浇口几乎同时打开继续填充。

图 6-102 "充填时间"结果

下面图 6-103～图 6-106 所示为如图 6-87 所示阀浇口和如图 6-88 所示普通热浇口模型分析的几个结果比较。

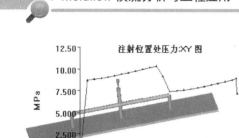
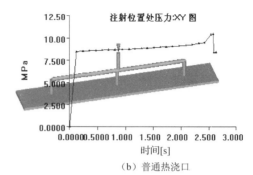

（a）阀浇口　　　　　　　　　　　　　（b）普通热浇口

图 6-103　注射位置处压力:XY 图

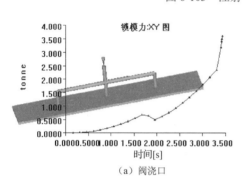
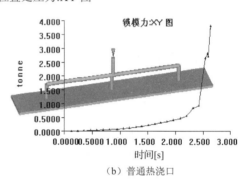

（a）阀浇口　　　　　　　　　　　　　（b）普通热浇口

图 6-104　锁模力:XY 图

（a）阀浇口　　　　　　　　　　　　　（b）普通热浇口

图 6-105　气穴

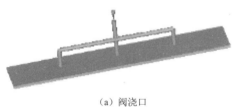

（a）阀浇口　　　　　　　　　　　　　（b）普通热浇口

图 6-106　熔接线

　　从以上结果比较可知：阀浇口成型在注射位置处压力、锁模力方面的最大值小于普通热流道成型，熔接痕和气穴的数量上也明显优于普通热流道成型。

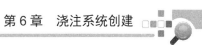
# 本章课后习题

对如图 6-107 所示 STL 模型（见"实例模型\chapter6\课后习题\6.stl"）进行网格划分、修复，然后以一模两腔布局，创建顶杆潜伏式浇口形式的浇注系统。

图 6-107　练习模型

# 第7章
## 温控系统创建

**教学目标**

通过本章的学习，了解注射模温控系统组成及其结构设计要点，熟悉 Moldflow 冷却系统的向导创建和手工创建的基本步骤，熟练运用合适方法进行不同类型冷却系统的创建，掌握 Moldflow 冷却系统的创建方法和技巧。

**教学内容**

| 主要项目 | 知识要点 |
|---|---|
| 温控系统 | 注射模温控系统作用、形式及设计要点 |
| 向导创建 | 向导创建对话框功能、适用场合及各种冷却系统向导创建方法和步骤 |
| 手工创建 | 手工创建方法、适用场合，不同管路形式创建步骤 |

**引例**

在大多数热塑性塑料成型中，为了缩短成型周期，提高生产效率，一般在实际模具设计中均要设置相应的冷却系统。冷却系统的设计应该结合塑件结构，结合高效、均匀冷却和便于制造的原则进行统筹考虑。

图 7-1 所示为由第 4 章引例完成修复的网格模型，试在第 6 章方案（采用不同布局、不同浇注系统形式）的基础上进行冷却系统的创建和设置。

图 7-1　网格模型

# 7.1　温控系统简介

注射成型过程中，模具温度控制实际上包括冷却和加热两种情况，主要起到改善成型条件、稳定塑件的形位尺寸精度、改善塑件力学性能、提高塑件表面质量和生产效率等作用。

## 7.1.1　冷却系统设计

对于热塑性塑料的成型，一般都会采用冷却系统。冷却系统由冷却介质、进水口和冷却管道组成。冷却介质有水、压缩空气和冷凝水，水冷最为普遍，求温一般采用环境温度25℃。

### 1. 冷却系统设计要点

（1）冷却管道至型腔表面距离（≤3$d$，常用 12～15mm）尽量相等，布置均匀。
（2）浇口处应加强冷却，最后充填或容易产生熔接痕的部位尽量避开布置。
（3）尽可能降低冷却管道出入口温差。
（4）冷却管道的孔径通常为 10～12mm，中间带隔水片的冷却水孔径通常为 18mm。
（5）冷却管道要防止冷却水的泄漏，尽量减少使用密封圈的连接方式。

### 2. 冷却系统形式

塑料注射模的冷却系统主要有如图 7-2 所示四种形式：直通式、阶梯式、隔板式和喷流式。直通式和阶梯式冷却管道结构简单，加工方便，但模具冷却不均匀，适用于成型面积较大的浅型塑件；隔板式冷却管道加工麻烦，隔板与孔配合要求高，适用于大型特深型腔的塑件，冷却

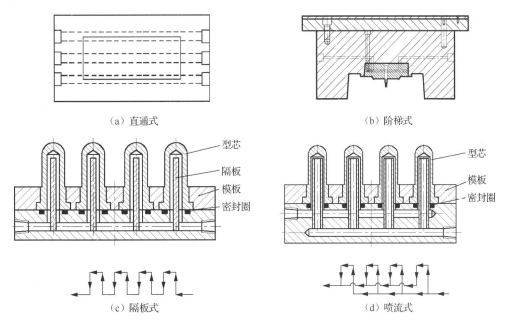

（a）直通式　　　　　　　　　　　　（b）阶梯式

（c）隔板式　　　　　　　　　　　　（d）喷流式

图 7-2　塑料注射模的冷却系统常用形式

效果特别好；喷流式适用于塑件矩形内孔长度较长、宽度较窄的塑件，这种水道结构简单，成本较低，冷却效果较好。图 7-3 所示为阶梯式和隔板式结合的冷却系统形式实例。

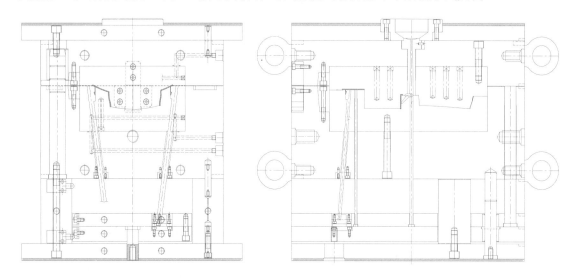

图 7-3　阶梯式和隔板式结合的冷却系统形式实例

### 3．冷却系统形式的选用

一般来说，由于型腔和型芯两侧结构有所不同，所以选择冷却形式有所不同，如表 7-1 所示，有时根据实际结构可以组合上述几种冷却形式。

表 7-1　冷却系统形式的选用

| 型腔、型芯结构形式 | 建议选用形式 | 说　　明 |
| --- | --- | --- |
| 型腔、型芯为整体式 | 直通式 | 整体式便于直接加工水道 |
| 型腔、型芯整体嵌入式 | 阶梯式、隔板式或两者组合，如图 7-3 所示 | 型腔/型芯底部与模板结合处需加密封圈，防止漏水 |
| 型芯径向尺寸不大，深度大 | 喷流式 | |

## 7.1.2　加热系统设计

模具的加热有蒸汽加热、热油（热水）加热及电加热等方法，最常用的是电阻加热法。模具的加热系统主要适用于黏度高、难于成型的热塑性塑料和大多数热固性塑料。本章涉及的加热系统主要针对采用热油（热水）通过管道循环实现的方法。

# 7.2　冷却系统创建方法

在 Moldflow 中，冷却系统的主要属性有管道、软管、隔水板和喷水管等，具体形式如图 7-4 所示。

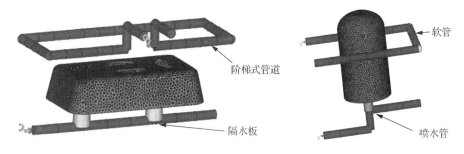

图 7-4 Moldflow 中冷却系统常用形式

冷却系统的创建同浇注系统，也主要有以下两种方法。

（1）系统向导自动创建。菜单"几何-冷却回路"命令可以帮助我们利用系统向导自动创建注射模具的冷却系统，本创建方法效率高，但主要适用于管道布置较为简单的情况。

（2）手工创建。对于较为复杂或不规则（如隔板式、喷流式等）的冷却系统，往往通过手工来创建（具体方法见 7.4 节），虽然较为费时，但可以创建出符合各种需要的冷却系统。

# 7.3 冷却系统向导创建

本节以第 6.4.1 节实例模型为例介绍向导创建冷却系统的步骤。

## 7.3.1 打开模型

启动 AMI，单击"打开工程"按钮，弹出"打开工程"对话框，选择"\实例模型\chapter6\6-4-1 结果\2-1.mpi"，单击"打开"按钮即可打开如图 7-5 所示模型。

## 7.3.2 创建冷却回路

Step1：布置冷却回路。选择"几何-冷却回路"命令，弹出如图 7-6 所示"冷却回路向导-布局"对话框。

"零件尺寸"栏：系统会自动计算出模型的大小尺寸，不可更改。

"指定水管直径"栏：可根据实际需要选择相应的尺寸，这里选择"10"。

"水管与零件间距离"栏：用来定义水管与模型表面之间的距离，这里选择"25"。

"水管与零件排列方式"区：用来定义水管走向是沿着"X"还是"Y"方向，这里选择"X"单选项。

Step2：设置管道。单击"下一步"按钮，弹出如图 7-7 所示"冷却回路向导-管道"对话框。

"管道数量"栏：用来定义沿设定走向水管的数量，这里输入"4"。

"管道中心之间距"栏：用来定义沿设定走向水管之间的距离，这里输入"40"。

"零件之外距离"栏：用来定义水管伸出模型边界的距离，这里输入"50"。

"首先删除现有回路"复选框：可以删除本次创建之前已有的冷却回路，先前未有回路，可以不选。

"使用软管连接管道"复选框：如图 7-8 所示，指水管之间用软管连接，软管部分不参与热交换。

Step3：单击"完成"按钮，创建如图 7-9 所示结果，水管一端标有 ⬅️▦ 图标的表示为冷却介质入口端。

图 7-5　模型

图 7-6　"冷却回路向导-布局"对话框

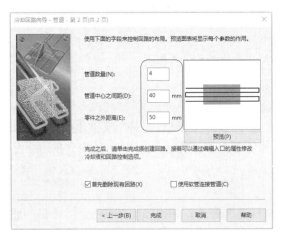

图 7-7　"冷却回路向导-管道"对话框

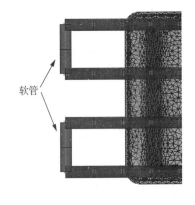

图 7-8　软管连接

【提示】在确定"管道数量"和"管道中心之间距"时要避免管道对模具其他结构（如浇注系统、顶出系统等）的干涉，另外动模（型芯）部分结构一般比较复杂，运用向导创建的管道不能很好地反映实际水路布置，因此通常还需要手工来创建。

图 7-9　创建结果

# 7.4　冷却系统手工创建

冷却系统手工创建的方法与浇注系统类似，主要有以下三种。

（1）通过创建柱体，再进行属性设置和"重新划分网格"命令创建。

（2）通过创建冷却系统的中心轨迹线，再进行属性设置和"网格生成"命令创建。

（3）对于较复杂的冷却系统，可以先在其他设计软件中与产品一起将冷却系统用曲线建立好，然后导出 IGES 格式，由 Moldflow 导入，再按照冷却系统不同形式进行属性设置和网格划分。

下面以实例来介绍手工创建过程。

## 7.4.1　实例操作一：隔水板创建

隔水板结构通常用于大型不规则嵌入式的型腔和型芯冷却，如图 7-10 所示。由该结构可知，水平管道即为普通管道，而深入型腔内侧的垂直管道被中间的隔板一分为二，所以在该管内上下流动管道的热传导系数均为普通管道的 0.5 倍。

隔水板的创建过程如下。

Step1：创建曲线。创建如图 7-11（a）或（b）所示曲线。

【提示】为了方便区分和选择曲线 C2 和 C3，建议创建如图 7-11（a）所示曲线。

Step2：指定管道属性。选取曲线 C1 和 C4 两段，选择"几何-指定"命令，在弹出的如图 7-12 所示"指定属性"对话框中选择"新建"中的"管道"选项，弹出如图 7-13 所示"管道"属性框。

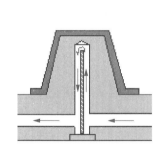

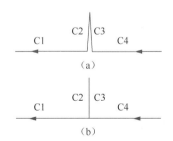

图 7-10　隔水板结构　　　　图 7-11　创建曲线　　　　图 7-12　"指定属性"对话框

Step3：编辑管道属性值。在对话框中根据需要选择"截面形状是"可选项（如图 7-14 所示选项，这里假设选择"圆形"选项），输入"直径"（假设输入"10"），"管道热传导系数"设为"1"，然后依次单击"确定"按钮，完成编辑。

Step4：指定隔水板属性。选取曲线 C2 和 C3 两段，选择"几何-指定"命令，然后在"指定属性"对话框中选择"新建"中的"隔水板"选项，弹出如图 7-15 所示属性框。

Step5：编辑隔水板属性值。在对话框中根据需要输入"直径"（这里假设输入"12"），"热传导系数"设为"0.5"，然后依次单击"确定"按钮，完成编辑。

图 7-13　"管道"属性框　　　　　　　　　　图 7-14　"截面形状是"可选项

Step6：网格划分。选择"网格-生成网格"命令，在"生成网格"对话框的"曲线"选项卡中输入"回路的边长与直径之比"的相应值，单击"立即划分网格"按钮，完成如图 7-16 所示结果。

图 7-15　"隔水板"属性框　　　　　　　　　图 7-16　创建隔水板结果

【提示】冷却水管长径比建议 2.5～3，隔水板、喷水管的网格划分时尽量保证数量≥3 段。

Step7：设置冷却液入口。选择"边界条件-冷却液入口/出口"命令，弹出如图 7-17 所示"设置冷却液入口"对话框，根据需要"新建"或"编辑"冷却介质，然后用鼠标选择如图 7-16 所示水道最右侧节点以指定冷却液入口。

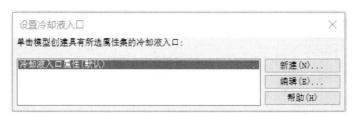

图 7-17　"设置冷却液入口"对话框

## 7.4.2　实例操作二：喷水管创建

喷水管结构通常用于直径较小、深度较深的圆形塑件的型芯冷却。喷水管结构如图 7-18 所示。由该结构可知，水平管道即为普通管道，而深入型腔内的入水管不参与热循环，因此上水管道的热传导系数为 0，从管内喷流而下的外径管道的热传导系数同普通管道一样。

喷水管的创建过程如下。

Step1：创建曲线。创建如图 7-19（a）或（b）所示曲线。

【提示】为了方便区分和选择曲线 C2 和 C3，建议创建如图 7-19（a）所示曲线。

Step2：指定编辑 C1、C4 属性。同 7.4.1 节所述，选取曲线 C1 和 C4 两段，将属性指定为"管道"，在属性框中根据需要选择"截面形状是"可选项（这里假设选择"圆形"选项），输入"直径"（假设输入"10"），"管道热传导系数"设为"1"（默认值），然后依次单击"确定"按钮，完成编辑。

Step3：指定编辑 C3 属性。同样选取曲线 C3，指定属性为"管道"，在属性框中选择"截面形状是"可选项（这里假设选择"圆形"选项），输入"直径"（假设输入"8"），这里将"管道热传导系数"设为"0"（因为不参与热交换），然后依次单击"确定"按钮，完成编辑。

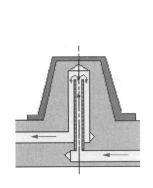
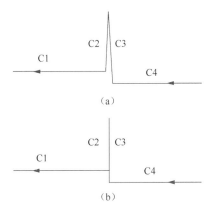

图 7-18　喷水管结构　　　　　　图 7-19　创建曲线

Step4：指定编辑 C2 属性。选取曲线 C2，选择"几何-指定"命令，然后在"指定属性"对话框中选择"新建"中的"喷水管"选项，弹出如图 7-20 所示"喷水管"属性框，根据需要输入"外径"的参数（这里假设输入"12"）、"内径"的参数（对应 Step3 中设为"8"），"热传导系数"设为"1"，然后依次单击"确定"按钮，完成编辑。

Step5：网格划分。选择"网格-生成网格"命令，在"生成网格"对话框的"曲线"选项卡中输入"回路的边长与直径之比"的相应值，单击"立即划分网格"按钮。

Step6：设置冷却液入口。同 7.4.1 节所述，选择"边界条件-冷却液入口/出口"命令，用鼠标选择水道端部节点以指定冷却液入口，完成如图 7-21 所示结果。

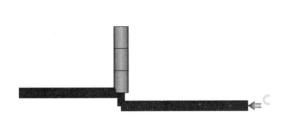

图 7-20　"喷水管"属性框　　　　　图 7-21　创建喷水管结果

Moldflow 模流分析与工程应用

# 7.5　加热系统创建

在 Moldflow 中，加热系统管道的创建同冷却系统创建方法一样，只是在加热介质入口设置上选择油，并设置相应的温度即可，具体步骤如下。

Step1：根据需要创建相应的管道、隔水板或喷流管等，这里不再赘述，请参照本章前述几节。

Step2：设置冷却液入口。选择"边界条件-冷却液入口/出口"命令，弹出如图 7-17 所示"设置冷却液入口"对话框。

Step3：新建进油入口。单击"新建"按钮，弹出如图 7-22 所示"冷却液入口"对话框。

图 7-22　"冷却液入口"对话框

Step4：选择新介质。单击"选择"按钮，弹出如图 7-23 所示"选择冷却介质"对话框。

（1）使用"导出"按钮可以将"描述"框内所选介质的数据导出为文本并保存。

（2）使用"细节"按钮可以查看所选介质的详细信息，如图 7-24 所示包括"描述"和"属性"两个选项卡。

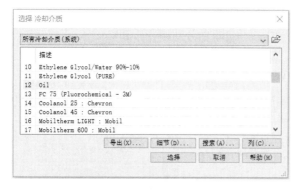

图 7-23　"选择冷却介质"对话框

图 7-24　"冷却介质"描述框

（3）使用"搜索"按钮可以搜索所需要的介质，单击后会弹出如图 7-25 所示"搜索条件"对话框，单击"添加"按钮，在弹出的如图 7-26 所示对话框中可以选择搜索项目（如选择"制造商"选项），然后单击"添加"按钮回到如图 7-27 所示对话框，再在"子字符串"栏中输入需要查找介质的字符，单击"搜索"按钮即可。

图 7-25　"搜索条件"对话框

图 7-26　"增加搜索范围"对话框

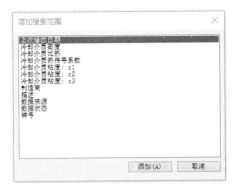

图 7-27　"搜索条件"对话框

本步骤在如图 7-23 所示对话框的"描述"框中选择"Oil"选项，单击"选择"按钮，完成介质选择。

【提示】目标模温为 90℃以下时，选择水；目标模温为 90℃以上时，选择油。

Step5：编辑介质参数。单击"编辑"按钮，可以在弹出的如图 7-28 所示"冷却介质"属性框中根据需要对介质相应参数进行编辑。

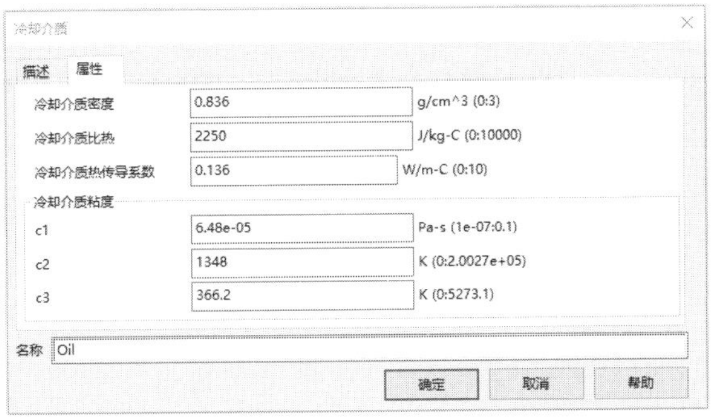

图 7-28　"冷却介质"属性框

Step6：编辑油温。在如图 7-22 所示对话框的"冷却介质入口温度"栏中输入"100"，其他栏采用默认值。

其中"冷却介质控制"栏包括指定雷诺数、指定压力、指定流动速率和总流动速率等选项，可以根据需要选择相应的选项，单击"确定"按钮完成设定。

Step7：设置进液入口。用鼠标选择入口节点即可完成创建。

# 本 章 课 后 习 题

1. 对如图 7-29 所示模型一（见"实例模型\chapter7\课后习题\7-1.igs"）进行浇注系统、冷却系统属性设置、网格划分和修复。

2. 对如图 7-30 所示模型二（见"实例模型\chapter7\课后习题\7-2.stl"）进行网格划分、修复，然后以一模两腔布局，创建针点式浇口形式浇注系统，再创建合理的冷却系统（型芯侧建议采用喷水管形式）。

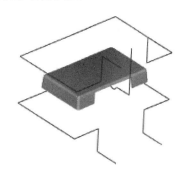

图 7-29　练习模型一

图 7-30　练习模型二

# 第8章

>>>>>>

# 常用分析序列与结果评定

## 教学目标 >>

通过本章的学习，了解 Moldflow 分析序列和通用流程，熟悉常用分析序列的目的和基本功能，熟练运用各种分析序列进行相关的设置和分析处理，掌握利用分析结果进行方案优化的思路和技巧。

## 教学内容 >>

| 主 要 项 目 | 知 识 要 点 |
|---|---|
| 分析序列 | 常用分析序列及各自基本功能 |
| 浇口位置分析 | 浇口位置分析的设置和结果应用 |
| 成型窗口分析 | 成型窗口分析的设置和结果应用 |
| 填充分析 | 填充分析的设置、结果和目的及基本操作 |
| 流道平衡分析 | 流道平衡分析的步骤、相关设置和应用 |
| 流动分析 | 流动分析的基本设置、操作步骤和保压曲线优化 |
| 冷却分析 | 冷却分析的基本设置和结果应用 |
| 翘曲分析 | 翘曲分析的基本设置、操作和应用，引起翘曲的原因和解决方法 |
| 分析结果判定与产品缺陷评估 | 常用分析结果的判定标准，如何评估产品缺陷 |
| 分析报告制作 | 分析报告制作要点 |

## 引例

当塑件模型导入 Moldflow 软件，完成网格处理、材料选择、浇注/冷却系统创建后，就可根据分析需要有针对性地选择分析序列，设置工艺，完成相应分析，为获得合格产品提供依据。常用的分析序列有浇口位置分析、成型窗口分析、填充分析、冷却分析及翘曲分析等类型。

尝试对第 7 章课后习题进行不同序列的分析和评定。

# 8.1 Moldflow 分析序列及优化流程

## 8.1.1 分析序列

AMI 有丰富的分析序列供用户选择，每一种分析序列所需要设置的工艺有所不同，分析的结果也各不相同。

选择"主页-分析序列"命令会弹出如图 8-1 所示对话框，可根据分析需要单击"更多..."按钮，在如图 8-2 对话框中选择相应的分析序列。

图 8-1　"选择分析序列"对话框　　　　图 8-2　"定制常用分析序列"对话框

下面简要介绍常用分析序列功能。

### 1．浇口位置分析

主要用来分析优化塑件的最佳浇口位置，避免由于浇口位置设计不当或随意性而引起塑件缺陷。

### 2．成型窗口分析

主要用来分析以获得能够生产合格塑件的成型工艺。

### 3．填充分析

用来分析熔体从注射点进入模具型腔开始到充满型腔的整个填充过程，根据分析结果可以了解熔体在模腔填充过程中的流动状况，为判断浇口位置、浇口数量、浇注系统的布局等是否合理提供依据。

### 4．流道平衡分析

主要用来优化不平衡布局的流道尺寸，尽量保证熔体平衡填充，避免不平衡流动导致的问题。

### 5．填充+保压分析

用来分析熔体在模具型腔中填充和保压的整个过程，根据分析结果可以了解熔体填充和保压的情况，为判断注射、保压工艺设置否合理提供依据。

### 6．冷却分析

冷却分析必须在已创建冷却系统情况下才能进行，主要用来分析熔体在模具型腔中热量传递的过程，根据分析结果可以了解塑件的冷却情况，为优化冷却系统布局提供依据，从而提高塑件冷却效果和生产效率。

### 7．翘曲分析

用来分析预测塑件成型过程中产生翘曲变形的情况，根据分析结果可以查看导致翘曲变形的原因及影响程度，为优化塑件、模具设计和工艺设置提供依据，以获得高质量的塑件。

### 8．工艺优化（填充）分析

该分析对熔体填充阶段的螺杆位置进行优化，并分析出塑件冷凝百分比和流动前沿区域随时间的变化，从而优化成型工艺。

## 8.1.2　优化流程

在 Moldflow 分析应用中，我们可以遵循如图 8-3 所示分析优化流程，结合优化目标（如浇口位置分析，流动平衡分析，消除熔接线、困气、凹痕、流痕等成型缺陷，优化冷却水路，缩短成型周期，减小翘曲变形等）进行相应的分析和优化。

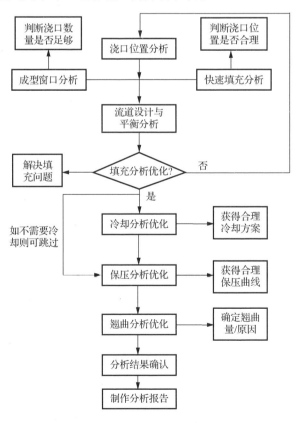

图 8-3　分析优化流程

# 8.2 浇口位置分析

## 8.2.1 分析目的

浇口是熔体进入型腔的入口，浇口的位置在很大程度上影响着熔体填充的流动特性，继而影响到后续保压和冷却的效果，也直接影响到塑件的最终质量，因此浇口位置的确定是进行注射成型分析的基本前提。实际生产中，模具浇口的初始位置一般由经验决定或与客户商讨决定，浇口数量由产品尺寸和模具类型决定。Moldflow 为用户提供了专门的"浇口位置"分析序列，可以快速地找到最佳浇口位置。

## 8.2.2 工艺设置

在进行浇口位置分析之前，用户可以根据需要设置相应的成型工艺。

选择"主页-工艺设置"命令或双击任务区的"🛠 工艺设置 (默认)"图标，弹出如图 8-4 所示"工艺设置向导-浇口位置设置"对话框。

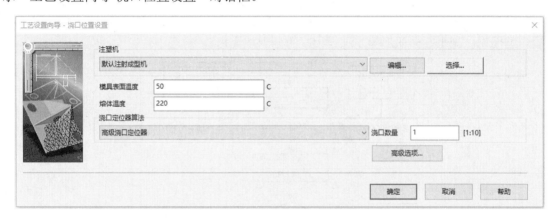

图 8-4 "工艺设置向导-浇口位置设置"对话框

其中各项功能介绍如下。

### 1．注塑机

用户可以根据需要编辑注塑机相关参数或选择相应的注塑机，单击"编辑"按钮，弹出如图 8-5 所示"注塑机"编辑框进行编辑，也可以单击"选择"按钮从数据库中进行选择。

### 2．模具表面温度

默认的是系统推荐的模具温度，可以根据需要设置相应的模具温度。

### 3．熔体温度

默认的是系统推荐的所选材料的熔融温度，可以根据需要设置相应的熔体温度。

图 8-5　"注塑机"编辑框

### 4．浇口定位器算法

包含以下两个选项。

（1）"高级浇口定位器"：根据需要设置浇口数量。

（2）"浇口区域定位器"：不需设置浇口数量。

### 5．高级选项

单击"高级选项"按钮，弹出如图 8-6 所示"浇口位置高级选项"对话框。

（1）"最小厚度比（仅高级浇口定位器）"栏：设置塑件最小厚度比。

（2）"最大设计注射压力"栏：用于选择"自动"或"指定"注塑机最大注射压力。

（3）"最大设计锁模力"栏：用于选择"自动"或"指定"注塑机最大锁模力。

图 8-6　"浇口位置高级选项"对话框

## 8.2.3　分析结果

分析完成后，在任务区中显示如图 8-7 所示结果，同时工程管理区复制出如图 8-8 所示新模型。

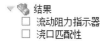

图 8-7　结果显示

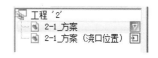

图 8-8　工程管理区

"浇口位置"模块可以根据需要分析出塑件单浇口或多浇口情况下的最佳位置。对于产品上明显不宜设置浇口位置的节点可以通过"边界条件-限制性浇口节点"命令进行设定，这样分析得到的最佳浇口位置相对合理，对实际浇口的选取具有较好的参考意义。

具体操作分别参见 2.5.1 节"浇口位置分析"和 9.4.1 节"浇注系统优化设计"。

# 8.3 成型窗口分析

## 8.3.1 分析目的

在进行系统分析之前，我们利用成型窗口分析可以快速得知制品成型质量的信息，从而快速作出方案上的更改。成型窗口不仅为后续完整的模流分析序列提供可靠的参数设置，并为试模调机提供很有价值的参考。利用成型窗口中的成型参数组合（如充填时间及较佳的模温值、熔温值等），可以快速实现制品流动优化分析。

## 8.3.2 工艺设置

在塑件模型、浇注位置、塑料材质已经完成的情况下，选择"成型窗口"作为分析序列。

选择"主页-工艺设置"命令或双击任务区的"🔧 工艺设置（默认）"图标，弹出如图 8-9 所示"工艺设置向导-成型窗口设置"对话框。

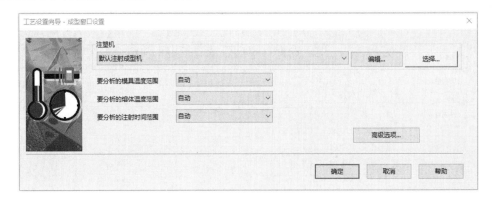

图 8-9 "工艺设置向导-成型窗口设置"对话框

可根据实际情况，默认或选择（设置）如注塑机、要分析的模具温度范围、要分析的熔体温度范围和要分析的注射时间范围等参数，也可以通过单击"高级选项"按钮对相关参数进行设置，这里不再赘述。

## 8.3.3 分析结果

分析完成后，在任务区中显示如图 8-10 所示结果。

### 1. 质量(成型窗口):XY 图

通过该图可以找出符合较好成型质量的成型参数组合（注射时间、模具温度和熔体温度）。

我们可以在结果中的"质量(成型窗口):XY 图"上单击鼠标右键，然后选择快捷菜单中的"属性"命令会弹出如图 8-11 所示对话框，可以进行参数的调整。图 8-12 所示为以"注射时间"作为 X 轴显示的结果，曲线最高点即表示如下组合（模具温度 69℃，熔体温度 261.5℃时，注射时间 0.2431s）时，产品成型质量最佳（0.8889）。

图 8-10  结果显示

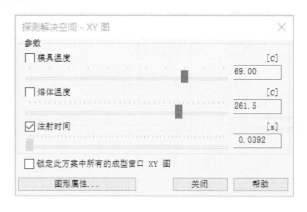

图 8-11  "探测解决空间-XY 图"对话框

## 2. 区域(成型窗口):2D 切片图

区域(成型窗口):2D 切片图如图 8-13 所示。

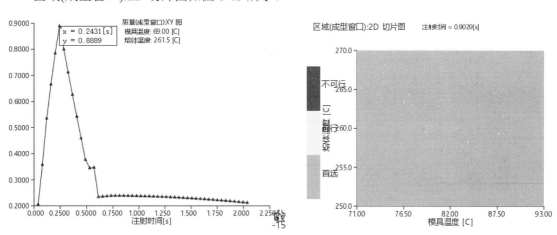

图 8-12  质量(成型窗口):XY 图                图 8-13  区域(成型窗口):2D 切片图

绿色范围内的成型参数表征塑件的成型品质会比较高。绿色区域越宽，表示适合该塑件的成型参数范围比较宽。相反如果绿色区域非常窄，则调出最适宜的成型参数相对比较困难。

黄色范围内的成型参数表征塑件可以成型，但难以保证较高的品质。如果是全黄色显示，则表示现有的浇注系统和原材料难以调出适宜的综合成型参数，需要从不同方面进行优化（如修改产品局部特征、加大浇口尺寸和流道尺寸或更换浇口类型、缩短流道长度、降低压降等）来保证塑件成型品质。

红色范围内的成型参数表征在现有的浇注系统和原材料情况下，无法完成产品的成型。

成型窗口分析并不能取代完整的模流分析。用户可以参照成型窗口给出的最佳成型参数进行完整的模流分析。如果出现成型上的问题，可针对不同的情况进行优化改进。

# 8.4 填 充 分 析

## 8.4.1 分析目的

注射成型过程中，从模具闭合开始，螺杆或柱塞式注塑机在高压下将塑料熔体注入模具型腔，直到熔体到达型腔的末端并充满整个型腔，这一阶段称为填充。Moldflow 软件中的填充分析模块可以对该过程进行分析，根据分析结果，可以获得熔体在腔体内的流动信息，从而判断浇注系统、工艺等设置是否合理。

与浇口位置分析类似，填充分析也是其他后续分析序列的基础，只有在得到合理的填充结果基础上，才能保证后续分析结果的合理性。

填充分析的目的：避免出现流动不平衡、短射等问题，同时获得注射压力和锁模力的最小值，为经济的选取注塑机提供参考依据。

## 8.4.2 工艺设置

在进行填充分析之前，用户可以根据需要设置相应的成型工艺。

选择"主页-工艺设置"命令或双击任务区的"🔧 工艺设置 (默认)"图标，弹出如图 8-14 所示"工艺设置向导-填充设置"对话框。

图 8-14 "工艺设置向导-填充设置"对话框

其中各项功能介绍如下。

### 1. 模具表面温度

默认的是系统推荐的模具温度，可以根据需要设置相应的模具温度。

## 2. 熔体温度

默认的是系统推荐的所选材料的熔融温度，可以根据需要设置相应的熔体温度。

## 3. 充填控制

"充填控制"下拉列表中有如图 8-15 所示五种可选方式。

（1）"自动"：由系统自动按照分析过程控制。

（2）"注射时间"：需设定注射时间，注射过程由该设定注射时间控制。

（3）"流动速率"：需设定流动速率，注射过程由该设定流动速率控制。

（4）"相对螺杆速度曲线"：需设定相对螺杆速度曲线（包括%流动速率与%射出体积、%螺杆速度与%行程），注射过程由该设定的速度曲线控制。

（5）"绝对螺杆速度曲线"：需设定绝对螺杆速度曲线（包括如图 8-16 所示几种关系曲线），注射过程由该设定的速度曲线控制。

通常在进行分析时，如果对塑件的成型工艺信息掌握有限，可以选择"自动"控制方式，按系统默认方式进行。

图 8-15 "充填控制"下拉列表

图 8-16 "绝对螺杆速度曲线"选项列表

## 4. 速度/压力切换

注射成型中，在型腔快被充满时，注射机的螺杆要进行速度/压力切换，由速度控制转换为压力控制，因此，需要对速度和压力控制转换点进行设置。"速度/压力切换"设置各选项功能简介如表 8-1 所示。

表 8-1 "速度/压力切换"设置各选项功能简介

| 选 项 | 功 能 简 介 |
| --- | --- |
| 自动 | 系统自动控制 |
| 由%充填体积 | 由完成填充的体积百分比控制，系统默认值为99%，一般为95%～99% |
| 由螺杆位置 | 由螺杆到达的位置控制 |
| 由注射压力 | 由达到的注射压力控制，需设定注射压力 |
| 由液压压力 | 由达到的油缸压力控制，需设定油缸压力 |
| 由锁模力 | 由达到的锁模力控制，需设定锁模力 |
| 由压力控制点 | 有压力控制点控制，即网格模型上某节点达到给点压力值，需要指点节点和压力值 |
| 由注射时间 | 由注射时间控制，需设定注射时间 |
| 由任一条件满足时 | 根据首先到达切换点的方式控制 |

"速度/压力切换"默认选项为"自动"选项，通常可以通过输入填充体积百分比来设置切换点。

### 5. 保压控制

关于"保压控制"设置和右侧的"编辑曲线"按钮，将在 8.6 节流动分析的参数设置中介绍。

### 6. 高级选项

单击"高级选项"按钮会弹出如图 8-17 所示"填充+保压分析高级选项"对话框，在该对话框中，可进一步对"成型材料"、"工艺控制器"、"注塑机"、"模具材料"和"求解器参数"等项进行设置。

图 8-17 "填充+保压分析高级选项"对话框

1）成型材料

根据需要可以对材料参数进行编辑或重新选择。

（1）单击"编辑"按钮会弹出如图 8-18 所示"热塑性材料"编辑框，这个同在任务区中材料处选择"细节"快捷菜单命令一样，但这里各选项卡内的参数值可以根据需要进行编辑。

图 8-18 "热塑性材料"编辑框

（2）单击"选择"按钮会弹出如图 8-19 所示"选择热塑性材料"选择框，可以根据需要在材料列表中查找或通过单击"搜索"按钮来选择相应的材料。

图 8-19　"选择热塑性材料"选择框

2）工艺控制器

包括当前分析序列中涉及的各种工艺控制参数，可以根据成型过程对相关的工艺条件进行设置。

（1）单击"编辑"按钮会弹出"工艺控制器"编辑框，对于不同的分析序列，该对话框需要设置的项目也会有所不同，总共包含五个选项卡。

"曲线/切换控制"选项卡：如图 8-20 所示，各项目功能同图 8-14 中相关项目。

图 8-20　"工艺控制器"的"曲线/切换控制"选项卡

"温度控制"选项卡：可以根据需要编辑模具、熔体和环境温度。

"MPX 曲线数据"选项卡：可以分别导入并编辑"行程与螺杆速度"和"压力与时间"曲线数据。

"时间控制（冷却）"选项卡：可以根据需要分别编辑"注射+保压+冷却"总时间和"开模时间"。

"时间控制（填充+保压）"选项卡：可以根据需要分别编辑"冷却时间"和"开模时间"。

"时间控制（填充）"选项卡：可以根据需要编辑"开模时间"。

（2）单击"选择"按钮会弹出如图 8-21 所示"选择工艺控制器"选择框，可以根据需要在列表中查找或通过单击"搜索"按钮来选择已定义的工艺控制器。

3）注塑机

可以根据需要对注塑机参数进行编辑或重新选择。

（1）单击"编辑"按钮会弹出如图 8-22 所示"注塑机"编辑框，用于编辑注塑机参数。在分析中尽可能选择或创建与实际生产一致的注塑机型号和参数，这样可获得更为准确的分析结果。它主要包括三个方面的参数："注射单元"、"液压单元"和"锁模单元"（如图 8-23 所示，可以编辑"最大注塑机锁模力"）。

图 8-21　"选择工艺控制器"选择框

图 8-22　"注塑机"编辑框

（2）单击"选择"按钮会弹出如图 8-24 所示"选择注塑机"选择框，可以根据需要在列表中查找或通过单击"搜索"按钮来选择相应的注塑机。

图 8-23　"注塑机"的"锁模单元"选项卡

图 8-24　"选择注塑机"选择框

4）模具材料

可以根据需要对模具材料参数进行编辑或重新选择。

（1）单击"编辑"按钮会弹出如图 8-25 所示"模具材料"编辑框，可以根据需要对材料信息和参数进行编辑。

（2）单击"选择"按钮会弹出如图 8-26 所示"选择模具材料"选择框，可以根据需要在列表中查找或通过单击"搜索"按钮来选择相应的模具材料。

图 8-25　"模具材料"编辑框

图 8-26　选择"模具材料"选择框

5）求解器参数

单击"编辑"按钮会弹出如图 8-27 所示求解器参数编辑框，列出了详细的求解器参数，包括"网格/边界"、"中间结果输出"、"收敛"、"并行"、"纤维分析"、"冷却（FEM）分析"、"重新启动"、"翘曲分析"、"型芯偏移"和"微孔发泡"等选项卡。

图 8-27　求解器参数编辑框

### 7. 复选框选项

在如图 8-14 所示"工艺设置向导-填充设置"对话框中还有以下两个复选框选项。

（1）"纤维取向分析（如果有纤维材料）"：勾选后，将进行纤维取向分析，同时会出现"纤维求解器参数"按钮，单击后会弹出如图 8-28 所示"纤维求解器参数"编辑框，功能同如图 8-27 所示求解器参数编辑框中的"纤维分析"选项卡项目，可以对相关参数进行编辑。

（2）"结晶分析（需要材料数据）"：主要针对结晶性物料而言。

## 8.4.3　分析结果

填充分析完成后，在任务区的"结果"列表中会显示出所有分析结果，如图 8-29 所示。

这些分析结果主要用于查看塑件的填充过程，并为浇注系统的设计优化提供依据。通过对不同方案填充过程的比较分析，可以有针对性地设计浇口位置、浇口数目及浇注系统的布局等，以完成浇注系统的优化工作。

图 8-28　"纤维求解器参数"编辑框

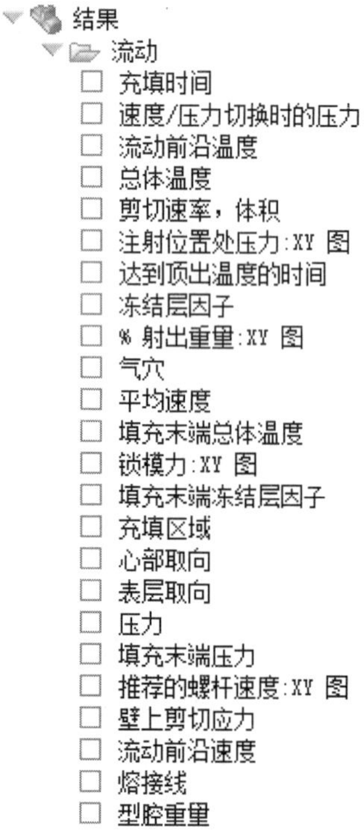

图 8-29　填充分析"结果"列表

# 8.5　流道平衡分析

## 8.5.1　分析目的

在多模腔中，平衡的浇注系统不仅可以保证填充过程的同步性，也可保证不同型腔产品质量的一致性，比较容易实现的方法就是采用自然平衡的流道布局。但在实际设计中，往往由于各种原因无法实现自然平衡，而采用非平衡布局。非平衡布局主要有以下两种常见情况。

（1）同模多腔：如图 8-30（a）所示，该布局可以大大缩短流道总长度，使型腔排列更加紧凑，减小模板尺寸。

（2）异模多腔：如图 8-30（b）所示，该情况无法满足自然平衡条件，只能采用人工方法进行平衡。

平衡填充的最理想状态是同时填充、同时充满和同时冷却。为了达到平衡填充，非平衡布局的平衡除改变浇口尺寸以补偿流道长度差异引起的不平衡外，也可采用改变各段分流道截面尺寸的办法来达到进料平衡，使从主流道到各个浇口的压力降相等。

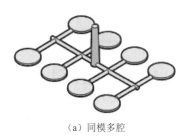
（a）同模多腔

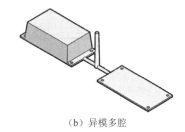
（b）异模多腔

图 8-30　非平衡布局

AMI 提供的流道平衡分析可以对不平衡布局模型浇注系统进行优化，保证各腔一致的充填时间和均衡的压力，从而达到平衡的目的。

但该分析模型仅适用于这些场合：①中性面或双层面；②每腔均为单浇口；③只对流道截面尺寸进行平衡优化。

对如 8-30 所示两种情况进行流道平衡分析后可以得到如图 8-31 所示结果（分流道尺寸有变化）。

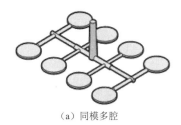
（a）同模多腔

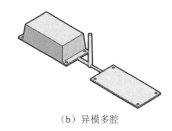
（b）异模多腔

图 8-31　流道平衡分析结果

## 8.5.2　约束条件

流道平衡分析模块包含填充和流道平衡分析，即平衡分析是在填充基础上进行计算分析的。流道平衡分析实际上是在条件约束基础上的迭代分析计算，因此，平衡约束条件直接决定了分析计算的收敛效果及计算的精度和速度。

平衡约束条件主要包括工艺条件约束和流道平衡尺寸约束。

## 8.5.3　实例操作

本节将应用流道平衡分析模块来分析异腔同模的两个产品，介绍其功能和操作流程。

### 1. 分析前处理

1）新建工程

启动 AMI，单击"新建工程"按钮，弹出"创建新工程"对话框，在"工程名称"栏中输入名称，在"创建位置"栏中指定工程路径，单击"确定"按钮，完成创建。

2）导入模型

选择"主页-导入"命令，选择"实例模型\chapter8\8-5-3 练习\8-1.stl"，单击"打开"按钮，系统弹出"导入"对话框,选择网格类型"Dual Domain",尺寸单位默认为"毫米",单击"确定"按钮,导入如图 8-32 所示模型。

3)添加模型

选择"主页-添加"命令,选择"实例模型\chapter8\8-5-3 练习\4-1.stl",单击"打开"按钮,弹出"导入"对话框,此时网格类型不可选,只能和上一模型网格类型一致,尺寸单位默认为"毫米",单击"确定"按钮,添加如图 8-33 所示模型。

图 8-32  导入模型 8-1

图 8-33  添加模型 4-1

【提示】由于本例中两个模型大小差不多,添加 STL 模型时以相同网格边长进行网格划分。如果两个模型相差比较大,需要以不同边长进行网格划分,则可以分别划分好网格后,再进行添加,具体操作见第 9.5 节"双色注射成型分析"。

4)调整模型位置

选择"几何-移动-旋转"命令,在弹出的如图 8-34 所示"旋转"对话框的"选择"栏中选取模型 4-1,在"轴"栏中选择"Z 轴"选项,在"角度"栏中输入"90",选择"移动"单选项,单击"应用"按钮。

再次选择"几何-移动-平移"命令,在弹出的如图 8-35 所示"平移"对话框的"选择"栏中选取模型 4-1,在"矢量"栏中输入"100 85",选择"移动"单选项,单击"应用"按钮,完成如图 8-36 所示结果。

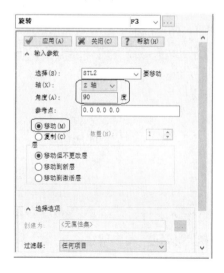

图 8-34  "旋转"对话框

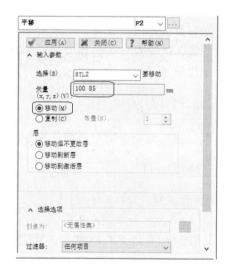

图 8-35  "平移"对话框

5）处理网格

Step1：网格划分。双击任务区的"　创建网格…"图标，弹出"生成网格"对话框，在"全局边长"栏中输入"4"，单击"立即划分网格"按钮，完成如图 8-37 所示网格模型。

Step2：网格统计与修复。这里也主要存在纵横比过大问题，具体诊断与修复过程这里不再赘述。

图 8-36　模型调整结果

图 8-37　网格模型

6）选择分析序列

双击任务区的"　填充"图标，在弹出的"选择分析序列"对话框中选择"流道平衡"选项。

7）选择材料

本实例采用默认材料。

8）创建浇注系统

Step1：双击任务区的"　设置注射位置…"图标，如图 8-38 所示对模型显示区中每个模型设置一个注射点。

Step2：选择"几何-流道系统"命令，弹出如图 8-39 所示"布局"对话框，分别单击"浇口中心"和"浇口平面"按钮。

图 8-38　注射点位置

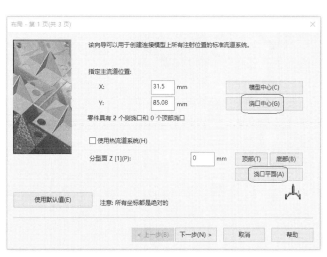

图 8-39　"布局"对话框

Step3：单击"下一步"按钮，显示如图 8-40 所示"主流道/流道/竖直流道"对话框，在"主流道"区的"入口直径""长度""拔模角"栏中分别输入"4""60""3"，在"流道"区的"直径"栏中输入"6"。

Step4：单击"下一步"按钮，显示如图 8-41 所示"浇口"对话框，在"侧浇口"区的"入口直径""拔模角""长度"栏中分别输入"2""0""3"。

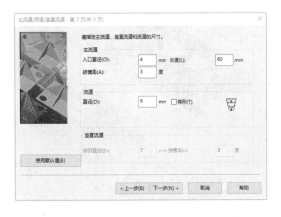

图 8-40 "主流道/流道/竖直流道"对话框

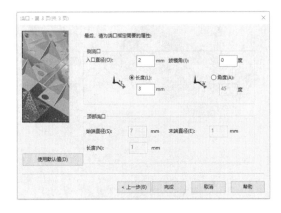

图 8-41 "浇口"对话框

Step5：单击"完成"按钮，创建如图 8-42 所示结果。

9）设置流道平衡尺寸约束

Step1：选取模型 8-1 一侧所有分流道单元，选择"几何-编辑"命令，弹出如图 8-43 所示"冷流道"对话框，单击"编辑尺寸"按钮，弹出如图 8-44 所示"横截面尺寸"对话框，单击"编辑流道平衡约束"按钮，弹出如图 8-45 所示"流道平衡约束"对话框。

图 8-42 浇注系统创建结果

图 8-43 "冷流道"对话框

图 8-44 "横截面尺寸"对话框

图 8-45 "流道平衡约束"对话框

其中下拉列表中各选项的意义如下。

（1）"固定"：即将该分流道尺寸值固定，平衡分析中不进行调整。

（2）"不受约束"：在平衡分析中，尺寸大小不受约束，根据平衡条件进行调整。

（3）"受约束"：选择该选项后，可以单击如图 8-46 所示对话框中的"编辑尺寸限制"按钮，弹出如图 8-47 所示"流道平衡尺寸限制"对话框，可以对流道平衡尺寸进行一个范围的限制。

图 8-46　选择"受约束"选项

图 8-47　"流道平衡尺寸限制"对话框

【提示】分流道设置的截面和形状不同，其平衡尺寸约束的参数会有所不一样，这里不再一一列出。

本实例中选择"不受约束"选项，依次单击"确定"按钮完成设置。

【提示】一般在初步分析中，不能确定流道平衡尺寸时，建议选择"不受约束"选项，系统通过分析自动调整确定最佳流道平衡尺寸，避免因约束不合理导致分析失败。

Step2：同样将模型 4-1 一侧分流道单元也设置为"不受约束"。

如果设置为"不受约束"，可以不执行本步骤，系统默认项就是"不受约束"。

10）设置工艺条件约束

Step1：双击任务区的"工艺设置（默认）"图标，弹出如图 8-48 所示"工艺设置向导-填充设置"对话框（具体设置前面章节已阐述，这里不再赘述），这里均采用默认值。

图 8-48　"工艺设置向导-填充设置"对话框

Step2：单击"下一步"按钮，进入如图 8-49 所示"工艺设置向导-流道平衡设置"对话框，这里必须要在"目标压力"栏中输入相应的值。"目标压力"范围为 0～240MPa，是流道平衡分析进行迭代计算的目标压力值，即在该设定值条件下进行流道平衡尺寸的计算。

图 8-49　"工艺设置向导-流道平衡设置"对话框

本实例中在"目标压力"栏中输入"30"MPa。

Step3：单击"高级选项"按钮，弹出如图 8-50 所示"流道平衡高级选项"对话框，可以对相关参数进行设置以控制迭代次数和收敛性。

图 8-50　"流道平衡高级选项"对话框

"研磨公差"：即迭代计算中流道截面面积每一步迭代的量，该值越小，精度越高，但费时。

"最大迭代"：用来控制迭代过程的最终收敛，应结合其他参数综合考虑，避免无法收敛。

"时间收敛公差"：定义充填时间收敛标准，即当充填时间的不平衡程度达到该值时，表示迭代收敛，计算结束。

"压力收敛公差"：定义压力收敛标准，即当填充结束时进料位置处压力在该值以内，表示迭代收敛，计算结束。

本实例中分别输入"0.01""10""5""5"。

### 2. 分析处理

双击任务区的" 开始分析！"图标，单击弹出确认框中的"确定"按钮，AMI 求解器开始执行计算分析。

通过分析日志，除可以实时查看求解器参数、材料数据、工艺设置、模型细节、填充分析进程及各阶段结果摘要等信息外，还可以查看如图 8-51 所示迭代计算过程等信息。

图 8-51　迭代计算过程

### 3. 分析结果

分析结果包括"流动"和"优化"两项，"流动"结果同 8.4 节"填充分析"，"优化"即为"体积更改"结果。下面选取以下几个结果进行比较分析。

1）充填时间

充填时间如图 8-52 所示，可以看出两个模型最后充填时间分别为 1.404s 和 1.523s，说明填充存在一定的不平衡。

2）注射位置处压力

注射位置处压力:XY 图如图 8-53 所示，可以看出注射位置处压力从 23.83MPa 急剧上升到 30.78MPa，然后又下降到 24.70MPa，反映了流动的不平衡导致该处的压力大幅波动。

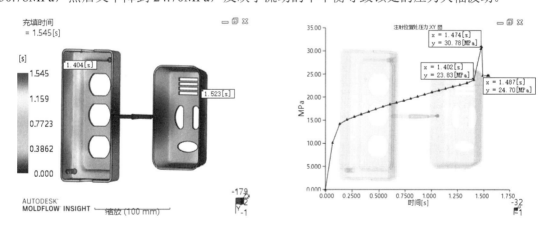

图 8-52　充填时间　　　　　　　　　　图 8-53　注射位置处压力:XY 图

3）体积更改

体积更改如图 8-54 所示，显示了左侧分流道体积变化-20.43%（减小），右侧分流道体积变化 2.820%（增大）。

也可以查看分流道的具体尺寸值，具体操作如下。

**Step1**：双击工程管理区的"9-2_study（流道平衡）"，在模型显示区中显示流道平衡后如图 8-55 所示结果。

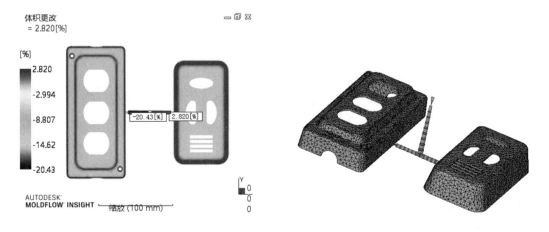

图 8-54　体积更改　　　　　　　　　　　　　　图 8-55　流道平衡结果

**Step2**：选取模型 8-1 一侧分流道，单击鼠标右键并选择快捷菜单中的"属性"命令，再单击"冷流道"属性框中的"编辑尺寸"按钮，可知尺寸由原来的"6"变成"4.4"，如图 8-56 所示；同样可知模型 4-1 一侧分流道尺寸已由原来的"5"变成"5.08"。

图 8-56　"冷流道"属性框

图 8-57、图 8-58 所示分别为复制的新模型进行填充分析后得到的充填时间和注射位置处压力:XY 图。可以看出：

（1）两个模型最后充填时间均为 1.710s，达到平衡填充的效果。

（2）注射位置处压力变化比较平缓，相对平衡。

本实例创建结果见"实例模型\chapter8\8-5-3 结果"。

利用 Moldflow 进行流道平衡分析过程中，有时由于初始的条件设置（如目标压力等）不一定充分考虑到成型中的变化和模具设计、制造中的实际情况，分析结果不一定完全合理并符合实际要求，需要反复设定和再优化，才能得到最终满意的结果。

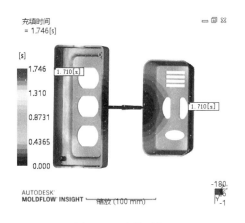

图 8-57　充填时间

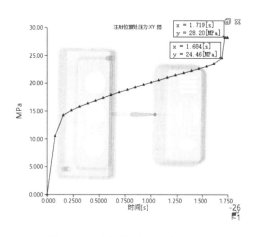

图 8-58　注射位置处压力:XY 图

# 8.6　流动（填充+保压）分析

## 8.6.1　分析目的

流动分析主要是分析注射成型过程中的填充和保压阶段。保压过程的主要参数是保压压力和保压时间。对保压压力的控制在实际操作中则需要通过控制注射油缸压力或喷嘴压力来实现对模腔压力的控制。由于喷嘴与注射油缸相比更接近于模腔，喷嘴压力往往是控制保压过程的常用变量，此压力也被称作保压压力。Moldflow 软件中，流动分析的主要目的是尽可能降低由保压引起的塑件收缩和翘曲等缺陷。

## 8.6.2　工艺设置

同填充分析一样，在流动分析之前需完成其工艺设置，设置对话框如图 8-59 所示，与填充设置相比，这里多了一项"冷却时间"设置。

图 8-59　"工艺设置向导-填充+保压设置"对话框

流动分析中，最重要的是"保压控制"设置，它共有四种保压曲线的控制方式。"保压控制"设置各选项功能简介如表 8-2 所示。

表 8-2 "保压控制"设置各选项功能简介

| 选 项 | 功 能 简 介 |
|---|---|
| %填充压力与时间 | 默认选项，由填充压力控制，通常为注射压力的 20%～100%，且不能超出注塑机的最大锁模力 |
| 保压压力与时间 | 由指定的保压压力控制 |
| 液压压力与时间 | 由指定的注塑机油缸压力控制 |
| %最大注塑机压力与时间 | 由注塑机最大压力控制 |

单击"编辑曲线"按钮，弹出如图 8-60 所示"保压控制曲线设置"对话框。在该对话框中，可以进行多阶段保压曲线的设置。单击"绘制曲线"按钮，就可以显示出如图 8-61 所示保压曲线。在设置保压曲线时要注意，保压时间一定要足够至浇口冷凝。

图 8-60 "保压控制曲线设置"对话框

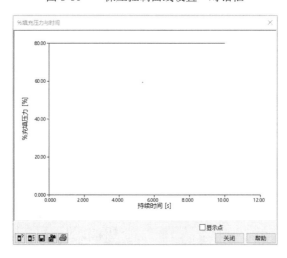

图 8-61 保压曲线示意图

## 8.6.3　分析结果

与填充分析相比，流动分析完成后，除包括填充分析的所有结果外，增加了"顶出时的体积收缩率""体积收缩率""冻结层因子"等项，其具体结果如图 8-62 所示。

图 8-62　流动分析结果

## 8.6.4　保压曲线及优化流程

流动分析中通常采用设置保压曲线实现保压分析，保压曲线示意图如图 8-63 所示，它是一种曲线式保压，压力随时间呈现连续、稳定的变化。同传统保压方式相比较，曲线式保压能得到比较均匀的产品体积收缩率分布。体积收缩率由型腔中熔体冷凝时的压力大小决定，两者成正比关系。

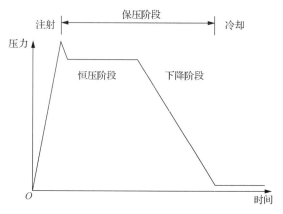

图 8-63　保压曲线示意图

**【说明】**

（1）大保压压力下制品厚度变化更加均匀，即制品的最厚处与最薄处的差值最小；多级保压可以获得比常压保压更均匀的制品厚度分布。但过大的保压压力和过长的保压时间会导致塑件尺寸超差或不稳定，而且会使模腔残余应力过大，造成脱模困难。因此，为了保证制品的质量，正确选择保压压力和保压时间是关键。

（2）通常在以下三种情况下可以使用保压曲线：注塑机具备设置保压曲线的功能；塑件壁厚变化不是很大；翘曲比较严重。

利用 Moldflow 进行保压曲线优化流程如图 8-64 所示。

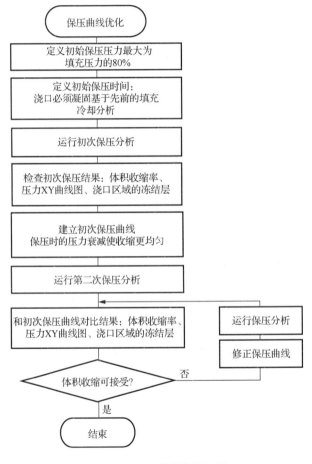

图 8-64　保压曲线优化流程

## 8.6.5　实例操作

本节以 6.3 节案例为例介绍保压曲线优化过程。

### 1. 初次分析

1）打开模型

Step1：启动 AMI，单击"打开工程"按钮，选择"实例模型\chapter8\8-6-5\4-1.mpi"，单

击"打开"按钮，打开如图 8-65 所示模型（采用一模两腔、两个侧浇口进浇方案）。

Step2：在工程管理区的"4-1_study"上单击鼠标右键，选择快捷菜单中的"重命名"命令，改为"初次分析"。

2）选择分析序列

双击任务区的" 浇口位置 "图标，在弹出的"选择分析序列"对话框中选择"填充+保压"选项，单击"确定"按钮。

3）选择材料

本实例采用系统默认材料。

4）设置工艺

本例采用默认工艺，压力控制如图 8-66 所示。

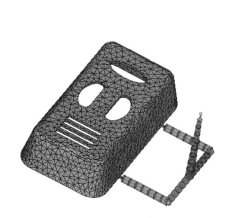

图 8-65　模型

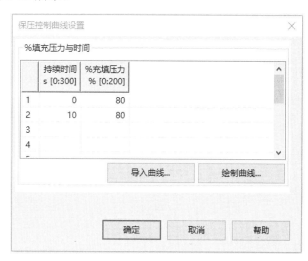

图 8-66　"保压控制曲线设置"对话框

5）分析处理

双击任务区的" 开始分析！"图标，单击弹出确认框中的"确定"按钮，AMI 求解器开始执行计算分析。

**2. 初次分析结果**

计算完成后会弹出"分析完成"提示框，单击"确定"按钮，在任务区的"结果"列表中会显示出分析的结果。下面选取部分结果进行比较分析。

1）顶出时的体积收缩率

顶出时的体积收缩率如图 8-67 所示。通常，顶出时的体积收缩率应分布均匀，PP 应控制在 6%以内。由图 8-67 可知，远离浇口侧壁局部收缩率范围大于 6%，不符合相应要求。

2）压力曲线

在模型上选取五个点，分别是进料口节点 N6434、浇口处节点 N6446、填充末端一处节点 N5472，以及任意两个节点 N5780 和 N4266。各节点处压力曲线如图 8-68 所示。

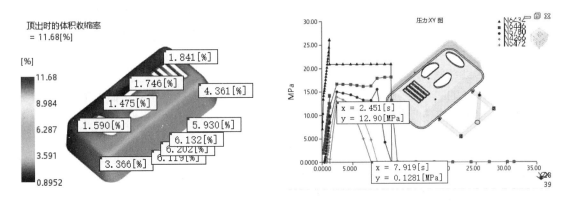

图 8-67　顶出时的体积收缩率

图 8-68　各节点处压力曲线

【提示】得到各节点处压力曲线的操作方法如下。

Step1：选择"结果-新建图形"命令，或者在任务区的"结果"中单击鼠标右键并选择快捷菜单中的"新建图"命令，弹出如图 8-69 所示"创建新图"对话框，这里分别选取"压力"选项和"XY 图"单选项，单击"确定"按钮。

Step2：在网格模型上，依次选取如图 8-68 所示五个节点，得到各节点处压力曲线。

图 8-69　"创建新图"对话框

### 3. 保压曲线优化

从图 8-68 所示压力曲线可以看出，各节点处压力曲线相差较大。

由图 8-63 可知，保压曲线通常有两段，即恒压阶段和下降阶段。恒压阶段压力通常为注

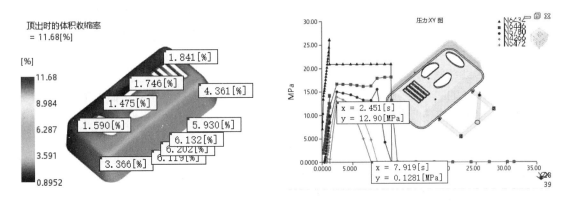

图 8-67　顶出时的体积收缩率　　　　　图 8-68　各节点处压力曲线

【提示】得到各节点处压力曲线的操作方法如下。

Step1：选择"结果-新建图形"命令，或者在任务区的"结果"中单击鼠标右键并选择快捷菜单中的"新建图"命令，弹出如图 8-69 所示"创建新图"对话框，这里分别选取"压力"选项和"XY 图"单选项，单击"确定"按钮。

Step2：在网格模型上，依次选取如图 8-68 所示五个节点，得到各节点处压力曲线。

图 8-69　"创建新图"对话框

### 3. 保压曲线优化

从图 8-68 所示压力曲线可以看出，各节点处压力曲线相差较大。

由图 8-63 可知，保压曲线通常有两段，即恒压阶段和下降阶段。恒压阶段压力通常为注

射压力的 20%～100%。下面就来介绍怎样获得保压曲线各阶段的时间，主要是确认三个时间：注射时间 $T_1$、恒压阶段时间 $T_2$ 和下降阶段时间 $T_3$。

（1）从图 8-70 显示的"分析日志"可知，注射时间 $T_1$ 为在填充完毕由 V/P 切换（速度/压力切换）时的注射时间，即 $T_1=1.262$s。

| 填充 + 保压-检查 | 分析日志 | 填充 + 保压 | 网格日志 | | |
|---|---|---|---|---|---|
| 1.262 | 98.65 | 26.14 | 14.38 | 63.31 | U/P |
| 1.272 | 99.29 | 20.91 | 12.59 | 24.93 | P |
| 1.290 | 99.86 | 20.91 | 12.57 | 27.15 | P |
| 1.291 | 100.00 | 20.91 | 12.66 | 26.76 | 已填充 |

图 8-70　分析日志

（2）恒压阶段时间 $T_2$ 由填充末端压力曲线对应的时间决定。本实例中填充末端在节点 N5472，恒压阶段时间也即填充末端压力曲线峰值处时间 $t_a$ 和压力为 0 处时间 $t_b$ 的平均值。单击工具栏中的 ▥ 按钮，拾取如图 8-68 中所示 X 值，得到 $t_a=2.451$s 和 $t_b=7.919$s。即 $T_2=(t_a+t_b)/2=(2.451+7.919)/2=5.185$s。

（3）下降阶段时间 $T_3$ 由浇口处的冷凝时间决定，在浇口位置颜色即将变化的时间点 $T_3=15.17$s，如图 8-71 所示。

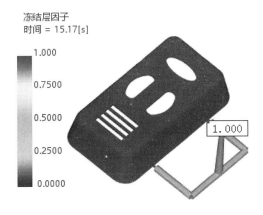

图 8-71　冻结层因子

【操作】$T_3$ 查找步骤如下。

Step1：勾选任务区的"结果"中的"冻结层因子"项，显示其结果。

Step2：通过"动画"工具栏中的 ◁ "回退"按钮逐步后退，在浇口处颜色（由 1.000 处颜色）即将发生变化的时间点，就得到如图 8-71 所示结果。

经上面的分析可知，优化后的保压曲线：第一阶段恒压阶段保压时间 $T_a=T_2-T_1=5.185-1.262=3.923$s，取 4s；第二阶段下降阶段保压时间 $T_b=T_3-T_2=15.17-5.185=9.985$s，取 10s。

### 4. 二次分析

1）复制模型

在工程管理区的"初次分析"方案上单击鼠标右键，选择快捷菜单中的"重复"命令复制模型，并重命名为"二次分析"。

2）选择分析序列

继续复制模型的分析序列。

3）选择材料

继续复制模型的材料。

4）设置工艺

双击任务区的"⚙ 工艺设置 (默认)"图标，在"工艺设置向导-填充+保压设置"对话框中单击"编辑曲线"按钮，弹出"保压控制曲线设置"对话框，并按照如图 8-72 所示进行相关参数的设置，单击"绘制曲线"按钮会显示出衰减型的压力曲线，依次单击"关闭""确定"按钮完成设置。

5）分析处理

双击任务区的"🔨 开始分析！"图标，单击弹出确认框中的"确定"按钮，AMI 求解器开始执行计算分析。

### 5．二次分析结果

1）顶出时的体积收缩率

顶出时的体积收缩率如图 8-73 所示，整体收缩率（含产品及浇注系统）范围有所减小，产品各处的收缩率较初始方案均匀，但局部最大收缩率反而有所增大，不符合相应要求，需要继续优化。

图 8-72　"保压控制曲线设置"对话框

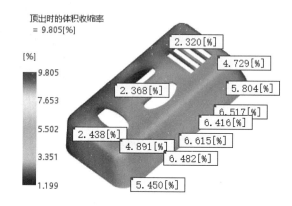

图 8-73　顶出时的体积收缩率

2）压力曲线

新建"压力:XY 图"，在模型上选取初始选定的五个节点，得到各节点处压力曲线，如图 8-74 所示。相比初次分析，各节点处压力曲线更加接近。

【操作】新建"压力:XY 图"，在模型显示区上方会出现如图 8-75 所示"实体 ID"输入框，将先前的节点输入或复制、粘贴到框中回车，即可得到相关节点压力曲线。（如果未出现输入框，则单击"结果"工具栏中的 📈 添加 XY 曲线 按钮。）

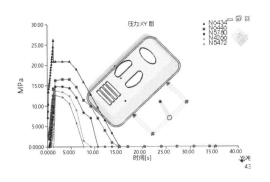

图 8-74　各节点处压力曲线　　　　　图 8-75　"实体 ID"输入框

## 6. 后续优化分析

通过上述分析可知，该压力曲线对收缩率减小效果不大。因此，我们通过适当加大保压压力（保压压力不能过大，否则容易出现内应力等问题），并分别采用如图 8-76 所示两种保压曲线进行分析，分别得到如图 8-77 所示结果。其中，图 8-77（a）中虽然收缩率范围有减小趋势，但产品仍有部分收缩率大于 6%；而图 8-77（b）显示各处收缩率均小于 6%，基本满足要求。

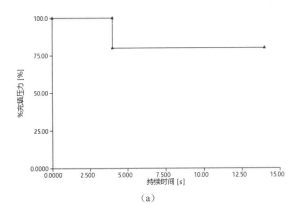
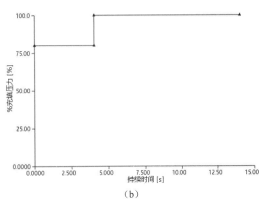

（a）　　　　　　　　　　　　　　（b）

图 8-76　保压曲线

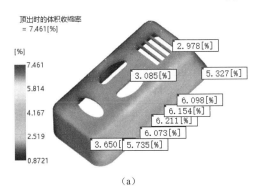
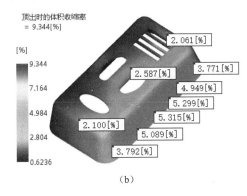

（a）　　　　　　　　　　　　　　（b）

图 8-77　分析结果

### 7. 保压曲线优化方式

保压曲线优化主要有如图 8-78 所示三种方式。

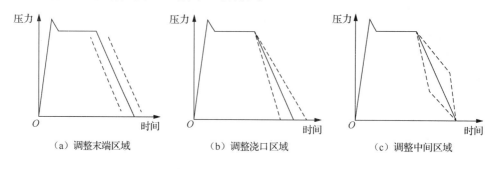

图 8-78　保压曲线优化方式

1）调整末端区域

调整末端区域即调整保压曲线恒压阶段的时间长短。末端区域变短，将增大体积收缩率；反之，将减小体积收缩率。

2）调整浇口区域

调整浇口区域即调整浇口冷凝时间来改变压力斜率。浇口冷凝变快，将增大体积收缩率；反之，将减小体积收缩率。

3）调整中间区域

调整中间区域实现改变保压曲线压力降。减小中间区域，将增大体积收缩率；反之，将减小体积收缩率。

【提示】上述三种优化方式都可以改变保压曲线构成的面积 $S$。$S$ 变小，将增大体积收缩率；反之，将减小体积收缩率。在分析中经常需要进行多种方案的尝试和不断优化，有时根据产品壁厚的特点也会采用阶梯式递增或递减的保压曲线。

# 8.7　冷　却　分　析

## 8.7.1　分析目的

注射成型过程中，熔体经填充和保压后，在冷却系统作用下凝固成型，直到产品顶出，这一过程称为冷却。注射成型周期由注射时间、保压时间、冷却时间和开模时间四个部分组成。其中，冷却时间最长，占整个周期 70%～80%。因此，良好的冷却系统可以大幅缩短成型时间，提高生产率，降低成本。

冷却分析的目的是通过分析注射成型过程的热量传递情况，来优化冷却系统，以获得合理的冷却时间，提高产品质量。

## 8.7.2　工艺设置

冷却分析工艺设置用到的对话框如图 8-79 所示，可以设置"熔体温度"、"开模时间"和

"注射+保压+冷却时间"等项。其中,"注射+保压+冷却时间"项下有以下两个选项。

图 8-79　"工艺设置向导-冷却设置"对话框

(1)"指定":需要在后面的"注射+保压+冷却时间"栏中输入相应的时间。

(2)"自动":使用这个选项时,需要用户自己编辑开模时产品需要达到的标准,同时对话框中会显示"编辑目标条件"按钮,单击该按钮,弹出如图 8-80 所示对话框。其中包括"模具表面温度"、"顶出温度"和"顶出温度下的最小零件冻结百分比"项,可以根据需要设置。

图 8-80　"目标零件顶出条件"对话框

单击图 8-79 中的"冷却求解器参数"按钮,弹出如图 8-81 所示"冷却求解器参数"对话框。其中包括"模具温度收敛公差"、"最大模温迭代次数"、"自动计算冷却时间时包含流道"和"使用聚合网格求解器"等项,通常采用默认值。

图 8-81　"冷却求解器参数"对话框

### 8.7.3  分析结果

冷却分析完成后，在任务区的"结果"列表中会显示出所有分析结果，如图 8-82 所示。这些分析结果主要用于查看模具、产品的冷却情况，并为冷却系统的优化提供依据。

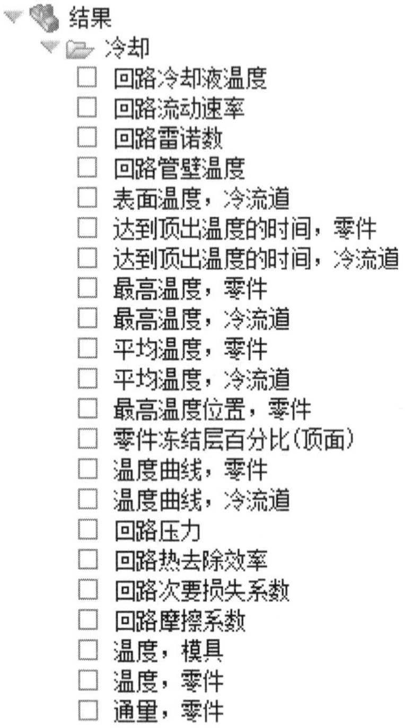

- 结果
  - 冷却
    - ☐ 回路冷却液温度
    - ☐ 回路流动速率
    - ☐ 回路雷诺数
    - ☐ 回路管壁温度
    - ☐ 表面温度，冷流道
    - ☐ 达到顶出温度的时间，零件
    - ☐ 达到顶出温度的时间，冷流道
    - ☐ 最高温度，零件
    - ☐ 最高温度，冷流道
    - ☐ 平均温度，零件
    - ☐ 平均温度，冷流道
    - ☐ 最高温度位置，零件
    - ☐ 零件冻结层百分比(顶面)
    - ☐ 温度曲线，零件
    - ☐ 温度曲线，冷流道
    - ☐ 回路压力
    - ☐ 回路热去除效率
    - ☐ 回路次要损失系数
    - ☐ 回路摩擦系数
    - ☐ 温度，模具
    - ☐ 温度，零件
    - ☐ 通量，零件

图 8-82  冷却分析"结果"列表

# 8.8   翘  曲  分  析

## 8.8.1  分析目的

翘曲变形是注塑制品常见的缺陷之一。翘曲分析是通过模拟产品在注射成型过程中的翘曲情况，预测其翘曲程度，并分析导致翘曲的主要原因，从而有针对性地进行优化填充、流道尺寸、冷却和保压曲线或产品结构等来使翘曲满足要求。

## 8.8.2  翘曲原因及翘曲分析类型

### 1. 翘曲原因

在 Moldflow 软件的翘曲分析中把翘曲原因分为以下四个主要方面。

1）冷却不均

产品厚度方向上冷却不均或模具温度分布不均匀，都会造成翘曲变形。如图 8-83 所示，塑件在高温侧的收缩要大于低温侧，所以向高温侧翘曲变形。

2）产品收缩不均

产品厚度不均、浇口位置和冷却回路设计不合理、工艺设置不当等，都会导致整个产品收缩（如图 8-84 所示）不均匀而翘曲变形。

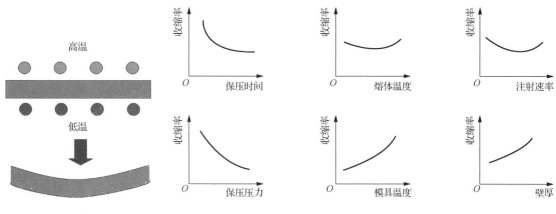

图 8-83　冷却不均对翘曲的影响　　　　　　图 8-84　收缩影响因素

3）取向不一致

高分子链或增强助剂（如增强纤维等）在成型过程中受到剪切会产生取向，因平行或垂直取向方向上内应力和收缩不一致，从而导致产品翘曲变形。通常，不含纤维料的成型产品因取向产生的变形量很小。

4）角效应（仅适用于中性面和双层面）

角效应是由于厚度方向上的收缩比单元/零件平面内的收缩大而引起的。由于 3D 网格会计算所有方向上的收缩，因此角效应的影响是所用四面体单元所固有的。对于中性面和双层面网格，角效果需要额外的计算，用户可以启用或禁用这些计算。角效应的影响是独立的，可以通过中性面和双层面网格类型查看这种效应。

## 2．翘曲分析类型

通常情况下，翘曲分析都是在优化完成冷却和流动分析后再进行的。

Moldflow 软件的翘曲分析类型有多种，主要分为两类：不包括冷却分析的类型和包括冷却分析的类型。

1）不包括冷却分析的类型

不包括冷却分析的类型在分析序列中只有"填充+保压+翘曲"，一般不推荐。它主要是用在设计人员希望在冷却系统完成之前进行翘曲分析，以便了解产品的设计和浇注系统对翘曲的影响。当冷却系统完成后还是会重新进行包括冷却分析的翘曲分析的。

2）包括冷却分析的类型

包括冷却分析的类型在分析序列中有如下三种可供选择。

（1）"冷却+填充+保压+翘曲"。

（2）"充填+冷却+填充+保压+翘曲"。

（3）"充填+保压+冷却+填充+保压+翘曲"。

第一种是假设料流温度是均匀的，后两种是假设模温是均匀的。通常情况下，"冷却+填充+保压+翘曲"所得到的分析结果更为准确，通常为首选分析序列。

### 8.8.3  工艺设置

Moldflow 软件中，翘曲分析工艺设置对话框如图 8-85 所示。它包括三个复选框和一个选择项供用户选择。

图 8-85  翘曲分析工艺设置对话框

#### 1．考虑模具热膨胀

在注射过程中，模温会随熔体温度的升高而升高，因此会产生热膨胀，从而引起型腔变化，造成产品翘曲变形。如果用户选择该选项，就要考虑该因素对分析结果的影响。

#### 2．分离翘曲原因

由前文可知，导致翘曲的原因主要有四个。如果用户选择该选项，系统就会在分析结果中列出每一个因素对翘曲变形的影响。

#### 3．考虑角效应

如果用户选择该选项，就要考虑该因素对分析结果的影响。

#### 4．矩阵求解器

包括"自动"、"直接求解器"、"SSORCG 求解器"和"AMG 求解器"四个可选项，通常采用默认"自动"选项。

### 8.8.4  分析结果

翘曲分析完成后，在任务区的"结果"列表中会显示出所有分析结果，如图 8-86 所示。

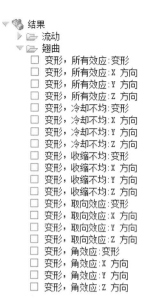

图 8-86　翘曲分析"结果"列表

# 8.9　分析结果判定与产品缺陷评估

## 8.9.1　分析结果判定

通过前文分析序列的介绍和实例应用，对各分析序列的目的、功能及结果分析均有了初步的了解。这里对前文分析序列中部分常用分析参数/结果判定标准作一小结，具体见表 8-3（表中参数为中性面/双层面网格结果），以便大家对模拟方案进行合理的分析和评判，并提出相应的优化措施。

表 8-3　部分常用分析参数/结果判定标准

| 分析序列 | 分析结果 | 判定标准 | 建议措施 |
|---|---|---|---|
| 填充 | 充填时间 | 如图 8-87 所示，判断浇口位置是否满足填充平衡：<br>（1）查看各末端是否基本同时充满，避免出现短射、过保压等现象<br>（2）查看等值线的疏密（反映流速的变化），判断是否出现竞流（过疏）、滞流（过密）或产品光泽不良（出现突变）等问题 | 可通过优化浇口位置和数量、流道排布和尺寸、产品结构和壁厚等措施来平衡流动模式 |
| | 速度/压力切换时的压力 | （1）该值低于注塑机最大注射压力，推荐值 ABS≤120MPa，PP≤90MPa，PC≤140MPa<br>（2）可以用来判断流动是否平衡，各填充末端压力差控制在 10MPa 之内 | 可通过浇口位置调整等措施平衡流动 |
| | 流动前沿温度 | 如图 8-88 所示，代表截面中心的温度，其变化应小于 20℃，且在熔体温度范围之内。过高（超过材料许可温度）会导致烧焦，过低易导致熔接线、流痕较明显，甚至出现短射等问题 | 可通过调整填充速度（缩短注射时间）、浇口位置和速度、产品壁厚或换用低黏度材料，来保证熔体前沿温度均匀 |

续表

| 分析序列 | 分析结果 | 判 定 标 准 | 建 议 措 施 |
|---|---|---|---|
| 填充 | 剪切速率，体积 | 如图 8-89 所示，最大剪切速率不能超过材料的许可值，否则使材料在注射过程中发生降解，出现银纹、变色、变脆等缺陷 | 可通过降低注射速率、加大浇口尺寸等措施来改善 |
| | 注射位置处压力:XY 图 | 填充不平衡会导致该压力突然增大，建议低黏度材料小于 60MPa，高黏度材料小于 100MPa，特殊情况（如薄壁件）可适当加大 | 可通过优化浇口位置和数量、产品结构和壁厚或换用低黏度材料等措施来减小压力 |
| | 气穴 | 困在型腔内的气体会阻碍熔体完全填充，易造成塑件内部出现气孔，严重时可能出现烧焦现象 | 气穴位置应分布在零件的边界上，以便设置排气系统，非分型面处可考虑应用顶杆、滑块等间隙逸气 |
| | 压力 | 检查模流末端的压力分布情况，压力分布最好平衡、对称，压力过大，产品易出现飞边 | 可通过调整填充速度、浇口位置和速度、产品壁厚，换用低黏度材料，提高模温和料温等措施来减小注射压力 |
| | 壁上剪切应力 | 如图 8-90 所示，最大剪切应力不应超过材料的许可值，否则易造成产品开裂 | 可通过加大最大剪切应力处壁厚、降低注射速度、采用低黏度材料、提高料温等措施来降低剪切速率 |
| | 熔接线 | 熔接线的长度尽量短，数量尽量少，且尽量避免有表面要求和受力承载结构处，熔接线汇合角尽可能大于 75°。可结合熔接温度、熔合时冻结层因子和熔接处压力等一起评估熔接质量 | 可通过优化浇口位置、产品结构和壁厚来消除熔接纹或减淡熔接线，具体优化措施参见 9.2 节 |
| 保压 | 顶出时的体积收缩率 | 如图 8-91 所示，整个塑件的收缩率应均匀一致（建议应小于经验数值：PP 6%，ABS 3%，POM 6%，PC+ABS 4%，PMMA 4%，PA 66%）。如出现负值则说明会胀模或过保压，造成脱模困难 | 可通过优化产品壁厚、浇口放置在壁厚区域、优化保压曲线等措施来降低体积收缩率 |
| | 体积收缩率:路径图 | 沿流动路径上的体积收缩差异也应在 2%以内，否则易出现缩痕、缩孔 | 可通过优化产品壁厚、优化保压曲线等措施来降低体积收缩率 |
| | 冻结层因子 | 反映产品的凝固顺序和浇口冻结时间（确定保压时间）。如靠近浇口一端先冻结，会导致末端保压补缩不足，容易出现缩痕、缩孔 <br> (2) 通常，产品 100%冻结、冷流道系统冻结 50%以上可脱模，据此初步确定该产品成型周期 | (1) 可通过优化保压曲线、调整浇口位置等措施改善 <br> (2) 可通过优化冷却水路排布、减小局部壁厚区域的厚度、优化冷流道尺寸等措施来缩短成型周期 |
| | 压力:XY 图 | 流动路径上各点压力曲线形状接近（建议传递到填充末端的压力值应达到：PP 25MPa，ABS 30MPa，PC+ABS 35MPa，POM 35MPa） | 查看压力衰变、不同位置的压力变化，用来作为优化压力曲线的依据 |
| | 锁模力 | 最大锁模力不应该超过用于生产该塑件的注塑机的最大锁模力，用作选择注塑机规格的依据 | 通过调整填充速度、浇口位置、产品壁厚，换用低黏度材料，减少型腔数量，提高模温和料温等措施来降低锁模力的需求 |
| | 缩痕，指数 | 如图 8-92 所示，给出了制件上产生缩痕的相对可能性，一般不要超过 5%，且不同材料会有所不同。如局部缩痕指数很高，与周边差异很大，则表明缩痕出现的可能性很大 | 可通过改善产品局部壁厚、优化压力曲线等措施来降低 |
| | 缩痕估算 | 值越小越好，一般缩痕估算小于 0.03 可以接受，对要求较高的产品应小于 0.01 | |

续表

| 分析序列 | 分析结果 | 判定标准 | 建议措施 |
|---|---|---|---|
| 冷却 | 回路冷却液温度 | 如图 8-93 所示，冷却液温度变化应该小于 3℃（冷却介质温度比目标模温低 10℃～20℃，目标模温 90℃以下选择水，目标模温 90℃以上选择油） | 需要优化水路分布等措施来减小出入口的温度差 |
| | 回路管壁温度 | 管壁温度与入水温差小于 5℃，否则会影响冷却效果和效率 | 优化冷却系统 |
| | 回路雷诺数 | 为了保证冷却系统产生湍流，最小雷诺数应该大于 10 000，否则会降低热传导效率 | 加大冷却液流速 |
| | 温度，模具 | 如图 8-94 所示，模具表面温度与目标模温差异值在 ±10℃内（模温太低影响产品表面质量，变化范围太大易产生残余应力），单侧表面温度差异在 10℃以内，模温高于冷却介质温度不超过 5℃ | 优化冷却系统 |
| | 温度，零件 | 如图 8-95 所示，产品表面温度与目标模温差异值在 ±10℃内，单侧表面温度差异在 10℃以内，产品表面温度不能高于冷却介质温度 20℃ | 如果有局部温度高的区域，那么可通过加强局部冷却等方式，来确保产品表面温度均匀 |
| | 平均温度，零件 | 产品平均温度低于材料顶出温度 | 避免顶出导致变形 |
| 翘曲 | 变形（X/Y/Z 方向） | 均小于目标尺寸和形状公差，否则会导致产品不能满足尺寸要求（变形，所有效应:路径图如图 8-96 所示） | 冷却不均：优化模具冷却系统设计，优化冷却工艺；产品收缩不均：改变产品壁厚，改变浇口位置和数量，改变产品结构，优化保压曲线；取向不一致：改变浇口位置和数量，具体优化措施参见 9.3 节 |

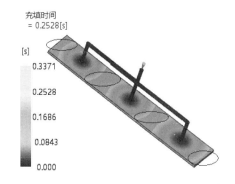

图 8-87　充填时间

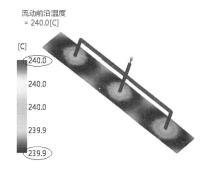

图 8-88　流动前沿温度

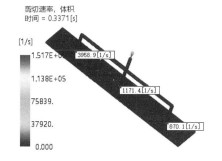

图 8-89　剪切速率，体积

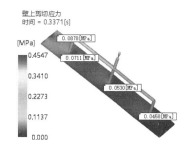

图 8-90　壁上剪切应力

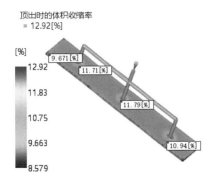

图 8-91　顶出时的体积收缩率

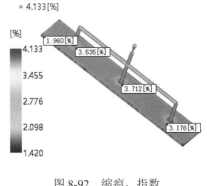

图 8-92　缩痕，指数

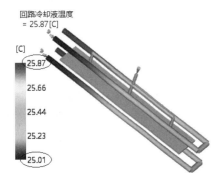

图 8-93　回路冷却液温度

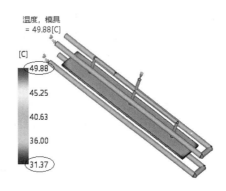

图 8-94　温度，模具

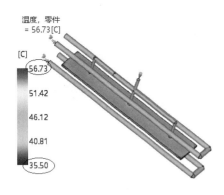

图 8-95　温度，零件

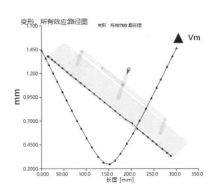

图 8-96　变形，所有效应:路径图

## 8.9.2　产品缺陷评估

如何运用分析结果来评估实际产品出现的缺陷并提出合理方案进行优化，是学习 Moldflow 软件的最终目的。表 8-4 归纳了常见产品缺陷的 Moldflow 分析结果、判定标准和建议措施。

表 8-4 常见产品缺陷的 Moldflow 分析结果、判定标准和建议措施

| 产品缺陷 | 主要影响因素 | 对应 Moldflow 分析结果 | 判定标准 | 建议措施 |
|---|---|---|---|---|
| 短射 | 流动距离比大 | 充填时间 | 灰色区域即为缺料部分 | 减小流动距离比 |
| | 温度 | 流动前沿温度 | 流动温度必须高于玻璃化温度或结晶温度 | 缩短注射时间 |
| | 压力 | 注射位置处压力:XY 图 | 压力不足 | 增加浇口数量 |
| | 排气不畅 | 气穴 | 对于筋位较深的制品,如果排气不良,筋位就容易形成短射 | 加强该处排气,比如注意镶拼排气等 |
| 熔接痕 | 汇合角 | 熔接线 | 汇合角(尽量大于 75°)越小,且有困气时,越容易产生熔接痕 | 改变浇口位置或改变产品壁厚 |
| | | 气穴 | | |
| | 熔合温度 | 流动前沿温度 | 两股汇合熔体温差(两股熔体前沿温度差应小于 10℃,熔接处料温不低于成型温度 20℃)越大,熔接质量越差 | 提高熔体和模具温度 |
| | 冻结层厚度 | 冻结层因子 | 熔合时冻结层因子越大,熔接质量越差 | 局部加厚 |
| | 熔接处压力 | 压力:XY 图 | 熔接处经历的压力越大越好 | 增大保压压力,延长保压时间 |
| 缩痕/缩孔 | 体积收缩率 | 体积收缩率 | 体积收缩值大于 5% 或相邻位置体积收缩差值超过 3% 时,容易产生缩痕 | 优化保压曲线或更改局部壁厚 |
| | 冻结时间 | 冻结层因子 | 靠近浇口端先冻结,导致末端保压不足,容易引起缩痕 | 优化保压曲线或改变浇口位置 |
| | 收缩指数 | 缩痕,指数 | 值越大,表明缩痕或缩孔出现的可能性越大 | 优化保压曲线 |
| | 缩痕深度 | 缩痕,深度 | | |
| 流痕/流线 | 熔体前沿加速度 | 平均速度 | 加速度过大(建议小于 27.7mm/s$^2$),也与材料种类、产品表面光洁度有关 | 调整注塑速度曲线或更改产品结构 |
| | 温度 | 流动前沿温度 | 温度低于某一临界点(降低 20℃),凝固层生长速度快于流动前沿速度,形成流痕 | 调整模温或料温 |
| 黑斑/焦痕 | 温度 | 流动前沿温度 | 不能超过物料许可温度 | 降低料温 |
| | | 气穴 | 困气造成烧焦 | 注意排气 |
| 飞边 | 压力 | 型腔压力 | 当型腔内的压力大于 80MPa 时,易出现飞边 | 优化保压曲线 |
| | 收缩率 | 体积收缩率 | 出现负值时,易出现飞边 | |
| 光泽不均 | 熔体前沿速度差异 | 充填时间 | 熔体前沿速度差异不能太大,否则容易出现光泽差异 | 分级注射或优化螺杆速度曲线 |
| | 模具温度 | 温度,模具 | 尽量在推荐温度范围之内 | 优化冷却系统 |
| | 熔体前沿温度 | 流动前沿温度 | 与进料温度差控制在一定范围内 | 调整浇口位置或注射速度(充填时间) |
| | 剪切速率 | 剪切塑料,体积 | 不能超过物料许可值 | 调整浇口位置或注射速度(充填时间) |

| 产 品 缺 陷 | 主要影响因素 | 对应 Moldflow 分析结果 | 判 定 标 准 | 建 议 措 施 |
|---|---|---|---|---|
| 开裂 | 残余应力 | 第一主方向上的型腔内残余应力 | 剪切应力超过材料的许可值，且横截面较小的区域残余应力较大，同时又承受外载荷 | 提高模温或调整注射速度 |
| | 剪切应力 | 剪切应力 | | |
| | 熔接痕 | 熔接线 | 尽量远离产品受力部位 | 同上"熔接痕"处理方法 |
| 变色/银纹/变脆 | 剪切速率 | 剪切速率，体积 | 不能超过物料许可剪切速率 | 降低注射速度或加大浇口尺寸 |
| 应力痕 | 冻结时间不一致 | 达到顶出温度的时间 | 筋/柱与基准面的冻结时间差异，容易在结合处产生应力，足够大时会产生应力痕 | 壁厚渐变过渡 |
| | | 冻结层因子 | | |
| 浮纤（纤维浮于表面） | 剪切速率 | 剪切速率，体积 | 太高导致纤维与熔料相容性破坏（材料推荐范围内越低越好） | 降低注射速度 |
| | 模具温度 | 温度，模具 | 模温太低容易使纤维凝固在表面，不利于与熔料的结合（材料推荐范围内越高越好） | 提高模具温度 |
| 脱模困难 | 体积收缩率 | 顶出时的体积收缩率 | 保压压力太大/保压时间太长引起体积收缩过小或胀模（出现负值），说明出现过保压引起黏模（尤其筋/柱等部位） | 优化保压曲线 |
| 潜流现象 | 填充顺序 | 平均速度 | 速度方向是否改变，尤其熔接部位 | 优化浇口设计 |
| 跑道效应 | 填充顺序 | 充填时间 | 四周先充满，熔体从四周向中央包围 | 优化产品壁厚 |

# 8.10　分析报告制作

为了进行更好地展示和讨论，分析完成后均需制作分析报告。分析报告有 HTML 文档和 PPT 演示两种格式。通常每个单位都有自己统一的模板。分析报告内容与客户要求及分析序列有关，主要包括（但不限于）以下内容。

## 8.10.1　基本信息

### 1. 报告封面

分析报告应有一个封面。

### 2. 分析说明

分析说明包括产品外形尺寸、产品体积、所用材料、分析目的、产品图片等。

### 3. 材料特性

材料特性包括该物料成型的模具温度、熔融温度、转变温度、顶出温度、剪切应力允许极限值、剪切率允许极限值、PVT 曲线、黏度曲线等。

### 4. 网格信息

网格信息包括模型的网格类型、网格数量、匹配率（双层面）、网格厚度（中性面和双层面）及其他统计信息。

## 8.10.2　设计方案

### 1. 模具设计方案

模具设计方案主要指浇注系统、冷却系统等设计方案。

### 2. 工艺设置

根据需要，提供最佳成型窗口、注射时间、模具温度、熔融温度、冷却液温度、V/P 切换点、保压曲线等。

## 8.10.3　结果分析

### 1. 充填时间

（1）从型腔开始充填到结束中间各阶段的充填时间图。

（2）动态充填结果。

（3）充填时间云图。

（4）文字说明充填不良问题。

### 2. 流动前沿温度

（1）产品正反面流动前沿温度分布图片。

（2）流动前沿温度过低/过高（低于/高于熔融温度范围）局部放大图片。

（3）文字说明流动前沿温度分布不良问题。

### 3. 熔接线

（1）产品外观面熔接线汇合角度图（透明显示）。

（2）产品外观面熔接线结果与充填时间结果叠加图。

（3）外观熔接线明显位置以箭头标示并附加文字说明。

### 4. 气穴分布

（1）产品正反面气穴分布图片（可透明显示）。

（2）流动前沿汇合形成包气时的充填时间结果图。

（3）文字说明气穴分布状况及重点排气位置。

### 5. 压力分布结果

（1）V/P 切换时的压力结果图。

（2）压力分布动态结果图。

（3）文字说明压力分布状况。

### 6. 注射位置处压力曲线 XY 图

（1）整个成型过程注射压力曲线结果图。

（2）文字说明最大压力及压力测量点。

### 7. 锁模力曲线

（1）整个成型过程锁模力曲线结果图。

（2）文字说明最大锁模力和适合的注塑机吨位。

### 8. 温度，模具

（1）正反面模具表面温度分布图片。

（2）模具表面温度过高（高于顶出温度）局部放大图片。

（3）温度过高区域以箭头标示并附加文字说明。

### 9. 温度，零件

（1）产品正反面表面温度分布图片。

（2）产品表面温度过高（高于转化温度）局部放大图片。

（3）温度过高区域以箭头标示并附加文字说明。

### 10. 冻结层因子

（1）产品冻结层因子动态结果。

（2）浇口区域冻结状况局部图。

（3）浇口凝固时间测量值并附加文字说明和保压时间的关系。

### 11. 顶出时的体积收缩率

（1）产品顶出时刻体积收缩率结果图。

（2）体积收缩率过高（高于经验数据值）区域局部放大图片。

（3）以箭头标示并测量收缩率值附加文字说明。

### 12. 缩痕，指数

（1）产品收缩指数结果图。

（2）收缩指数过高（高于经验数据值）区域局部放大图片。

（3）以箭头标示并测量收缩指数值附加文字说明。

### 13. 变形结果

（1）变形，所有因素结果和变形，所有因素：X/Y/Z 方向结果。

（2）变形，所有因素/冷却不均/收缩不均/取向因素/角效应：X/Y/Z 方向。

（3）Z 方向总变形的动画结果。

（4）指定基准面的变形测量结果。

（5）以文字说明各方向变形的主要影响因素。

## 8.10.4　结论与建议

（1）产品填充状况及推荐注塑机规格。

（2）产品表面熔接线状况及原因，提出改善建议。

（3）产品表面缩痕状况及原因，提出改善建议。

（4）产品变形状况及主要原因，提出改善建议。

（5）其他可能出现的不良缺陷及主要原因，提出改善建议。

分析报告案例分享

# 本章课后习题

对如图 8-97 所示模型（见"实例模型\chapter8\课后习题\8.mpi"）进行成型窗口分析，确定最佳充填时间，然后进行填充分析、保压分析、冷却分析及翘曲分析，根据分析结果创建一份完整的分析报告[主要通过查看填充流动、保压压力、气穴位置、熔接线分布、锁模力及产品翘曲变形等情况，对产品、模具设计（如浇口位置、冷却系统等）、成型工艺及注塑机选择等方面提出相应的建议]。

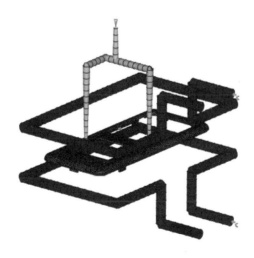

图 8-97　练习模型

# 第9章 ▷▷▷▷▷▷
# 工程分析应用

教学目标 ▷

通过本章的学习，熟悉模具浇口位置优化及产品熔接线、翘曲变形的处理，掌握实际工程的 CAE 应用流程和优化思路，了解双色注射成型分析、气体辅助注射成型分析的基本操作和应用。

教学内容 ▷

| 主 要 项 目 | 知 识 要 点 |
|---|---|
| 浇口位置分析优化 | 浇口位置优化的原则 |
| 熔接线处理与优化 | 熔接线处理方法、如何利用 CAE 分析进行优化 |
| 翘曲变形分析与优化 | 翘曲变形改善方法、如何利用 CAE 分析进行优化 |
| 综合实例应用 | 实际应用流程及优化思路 |
| 双色注射成型分析 | 双色注射成型分析步骤 |
| 气体辅助注射成型分析 | 气体辅助注射成型分析步骤 |

引例 ◀

一般来讲，Moldflow 主要应用场合如下。

（1）在模具设计之前，通过模流分析给出参考建议，再结合产品实际结构和设计人员的经验来确定模具结构（如浇口位置和水路布置等）。

（2）根据已设计好的模具图纸进行模流分析，来验证模具结构（如浇注系统、冷却系统等）设计的合理性，或者进行成型工艺的优化。

（3）针对实际成型中出现的问题（见表 8-4），通过模流分析找出原因和解决方案。

随着塑料成型工艺的日益发展及塑件应用范围的不断扩大，Moldflow 也可用于双色注射成型、气体辅助注射成型等新工艺的模拟分析。

# 9.1 浇口位置分析优化

注射模浇口位置设计直接影响到塑料熔体填充过程（如流动平衡、压力传递）、产品质量（如熔接线位置和翘曲变形等）和模具制造的难易程度。浇口位置的选择可以结合塑件的结构、壁厚、外表面质量及模具加工等多方面要求或因素综合考虑，具体可以参考 6.1.2 节"浇口位置选择原则"。

在 CAE 分析中，可以通过填充模拟过程和塑件质量的指标要求来对浇口位置进行优化。下面介绍常用三种优化原则。

## 9.1.1 保证流动的平衡性

模腔中熔体流动不平衡，会直接影响到熔体顺利填充和均衡地保压补缩、冷却等，进而导致塑件质量问题。因此，在浇口位置设计时尽可能保证塑件各部分末端几乎同时充满。可以通过查看"充填时间""速度/压力切换时的压力"等动态/静态结果来判断浇口位置是否符合填充平衡要求，从而进行合理的优化。

## 9.1.2 避免滞留现象

在填充过程中，浇口位置的设计尽量确保"充填时间"结果中的等值线间距相对均匀。如出现密集现象（如图 9-1 中筋处），则说明该处流动阻力较大，容易出现滞留。避免滞留现象的措施通常有：①使侧壁厚度均匀；②浇口位置远离较薄区域；③更快填充。

在如图 9-2 所示方案中，通过调整浇口位置，可以较好地避免滞留现象。

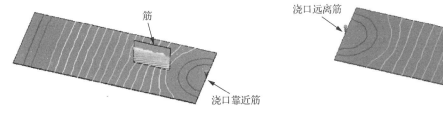

图 9-1　方案一　　　　　　　　　　　　　　　图 9-2　方案二

## 9.1.3 保证塑件质量

结合塑件实际质量要求，以熔接线、翘曲变形、流痕及缩痕等指标作为判断依据对浇口位置进行优化。

图 9-3 所示为一模四腔、采用侧浇口位置不一样的两个方案（见"实例模型\chapter9\9-1\9-1.mpi"），其相同条件下部分分析结果如图 9-4～图 9-10 所示。

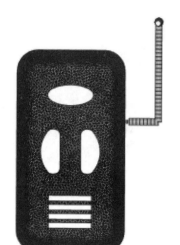 

（a）方案一                              （b）方案二

图 9-3　模型

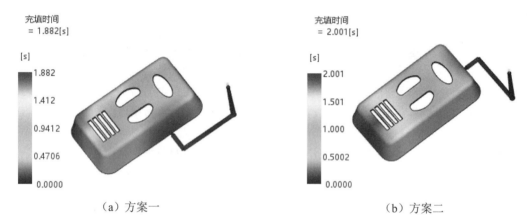

（a）方案一                              （b）方案二

图 9-4　充填时间

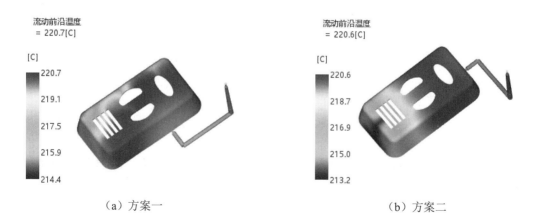

（a）方案一                              （b）方案二

图 9-5　流动前沿温度

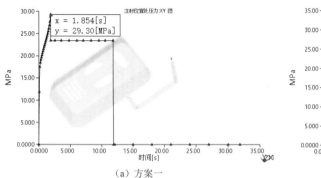

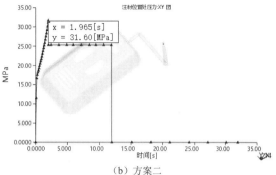

（a）方案一　　　　　　　　　　　　　　（b）方案二

图 9-6　注射位置处压力:XY 图

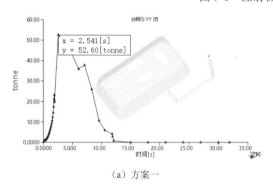

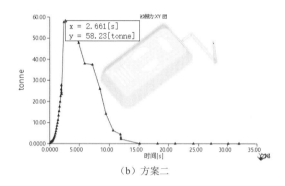

（a）方案一　　　　　　　　　　　　　　（b）方案二

图 9-7　锁模力:XY 图

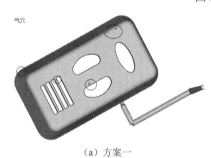

（a）方案一　　　　　　　　　　　　　　（b）方案二

图 9-8　气穴

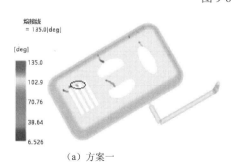

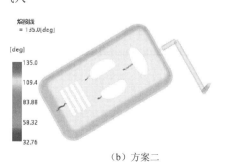

（a）方案一　　　　　　　　　　　　　　（b）方案二

图 9-9　熔接线

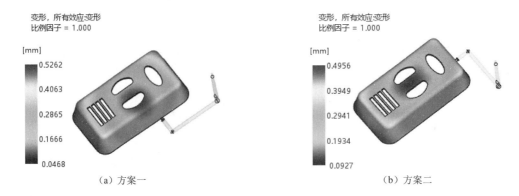

（a）方案一　　　　　　　　　　　　　（b）方案二

图 9-10　总体变形

两个方案总体分析结果比较如表 9-1 所示。通过分析可知：

（1）充填时间、注射位置处压力、流动前沿温度差值、锁模力，方案一比方案二要小些。

（2）方案一存在熔接线贯穿表面筋位的现象，一定程度上会影响该处强度。

（3）体积收缩百分比和翘曲变形量，方案二明显比方案一小。

通过以上综合分析，方案二要优于方案一，所以建议采用方案二。

表 9-1　两个方案总体分析结果比较

| 结　　　果 | 方　案　一 | 方　案　二 |
|---|---|---|
| 充填时间/s | 1.882 | 2.001 |
| 注射位置处压力/MPa | 29.3 | 31.6 |
| 流动前沿温度/℃ | 214.4~220.7 | 213.2~220.6 |
| 熔接线分布 | 一定程度影响强度 | 不影响强度 |
| 气穴分布 | 图 9-8（a）中圈中位置，注意排气 | 图 9-8（b）中圈中位置，注意排气 |
| 体积收缩率/% | 17.09 | 16.96 |
| 锁模力/t | 52.6 | 58.23 |
| 翘曲变形范围/mm | 0.0468~0.5262 | 0.0927~0.4956 |

# 9.2　熔接线处理与优化

熔接线会在一定程度上影响塑料产品外观和力学性能，虽然熔接线有时是无法避免的，但可以从工艺、模具、产品等角度采取相应的方法来改善。

## 9.2.1　开设冷料井

如图 9-11 所示，在熔体汇流处设置冷料井，将前锋冷凝料引流到冷料井内而避免在产品上留下熔接线。本方法虽然简单有效，但需在模具的相应位置单独开设，受到一定的限制；另外，由于二次加工，也会影响产品外观质量和提高成本。

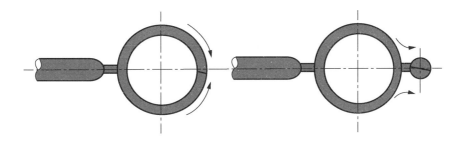

图 9-11　开设冷料井

## 9.2.2　运用高光无痕注射成型技术

如 1.4.3 节所述，运用高光无痕注射成型技术注射出来的产品可以获得更好的表面光泽度，避免熔接线、流痕等不良状况，并且可以节省后期喷涂的工序，达到更加环保且节能降成本的目的，这里不再赘述。

## 9.2.3　按照浇口顺序注射

采用热流道针阀式喷嘴，按照浇口顺序注射可以消除或减少熔接线，或者将熔接线移至设定位置。

## 9.2.4　优化注射成型工艺

工艺的调整可以改善熔接线的质量。例如，通过提高熔体或模具温度，改善熔接区域的品质；也可以通过保压曲线的优化，提高熔接处所经历的压力以改善熔接部分的质量。

## 9.2.5　优化浇口位置

可以通过 Moldflow 模拟预测熔接线结果，然后优化浇口位置来控制熔接线，使之移至产品不受力或隐藏的部位（如该部位会被产品表面花纹、喷漆或贴标等方式掩盖）。

如图 9-12 所示原有方案模型（见"实例模型\chapter6\6-4-3\phone_study(1).sdy"），由于该产品按钮孔之间的筋有一定的强度要求，而其熔接线和气穴（如图 9-13 所示），均集中在该处（圈中所示，贯穿按钮孔之间的筋），容易影响该处的强度，因此该方案有待优化。

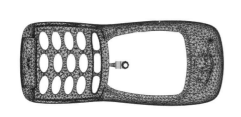

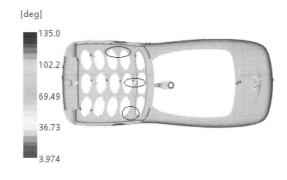

[deg]

135.0

102.2

69.49

36.73

3.974

图 9-12　原有方案模型　　　　　　　图 9-13　原有方案熔接线和气穴结果

通过浇口位置的适当调整,得到如图 9-14 所示优化方案模型(见"实例模型\chapter6\6-4-3\phone_study(2).sdy")。通过模拟分析,从如图 9-15 所示优化方案熔接线和气穴结果可以看出,优化方案比原有方案有明显的改善。

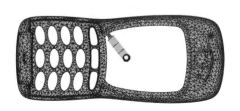

图 9-14　优化方案模型

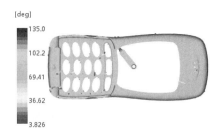

图 9-15　优化方案熔接线和气穴结果

## 9.2.6　优化产品结构

可以通过产品结构或壁厚的优化设计引导熔体流动,使前锋料流形成较大的汇合角(如图 9-16 所示,建议大于 75°,熔接线汇合度越小,熔接线越明显),并避免熔接温度过低,以此来消除或弱化熔接线。

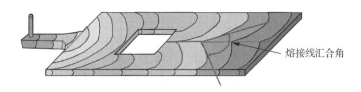

图 9-16　熔接线汇合角示意图

图 9-17 所示为平板模型一,其壁厚均匀(4mm),其充填时间和熔接线重叠结果如图 9-18 所示,其汇合角最大为 64.76°,均小于 75°,因此熔接线较为明显并贯穿整个截面。图 9-19 所示为平板模型二,将截面壁厚进行了调整(由 1.5mm 逐渐过渡到 4mm),在浇口位置不变的情况下,其充填时间和熔接线重叠结果如图 9-20 所示,由于汇合角明显加大(21.1°～135°),熔接线得到了较好的消除和弱化。(见"实例模型\chapter9\9-2"。)

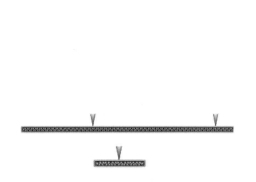

图 9-17　平板模型一

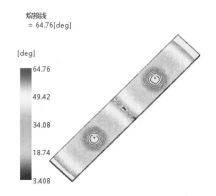

图 9-18　平板模型一充填时间和熔接线重叠结果

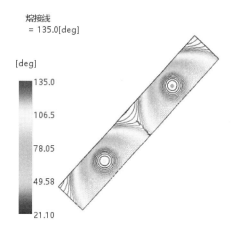

熔接线
= 135.0[deg]

[deg]

135.0

106.5

78.05

49.58

21.10

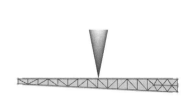

图 9-19　平板模型二

图 9-20　平板模型二充填时间和熔接线重叠结果

# 9.3　翘曲变形分析与优化

翘曲变形是塑料产品成型中不可避免的缺陷之一，会在一定程度上影响塑件的外观、装配和使用。在 Moldflow 中，将翘曲原因归纳为如 8.8.2 节所述的冷却不均、收缩不均、取向不一致和角效应四个方面，通过模拟分析，可以找出产生变形的原因并有针对性地采取合适的方法来改善。

## 9.3.1　调整成型工艺

首先，可以调整成型工艺（比如控制注射时间顺序、采用合理的保压曲线、控制模具温度等参数）促使塑件整体均衡冷却，保证填充末端和浇口位置的收缩趋于一致，从而降低变形程度。

## 9.3.2　调整模具设计方案

在工艺无法解决变形问题的情况下，可以通过模具设计方案的调整来改善，比如调整浇口位置（确保流动平衡、保压均衡及按设计取向等）、冷却系统布置（确保冷却均衡）等。

如图 9-21 所示原有方案由于各流动末端的压力不均（说明流动不够平衡），其 Z 向总体变形如图 9-22 所示，最大差值大于 1mm。而如图 9-23 所示调整方案通过浇口位置的调整使产品各流动末端的压力基本接近（说明其填充基本平衡），因此其 Z 向总体变形如图 9-24 所示，最大差值小于 0.6mm，平整度得到大幅提升。

如图 9-25 所示原有方案模型（见"实例模型\chapter9\9-3"）的主要信息如下。

材料：PA6+30%glass fiber（Novamid 1015G3）。

尺寸：442mm×60mm×26mm。

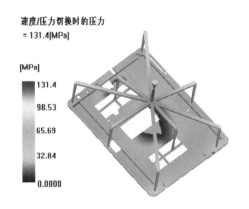

图 9-21　原有方案速度/压力切换时的压力

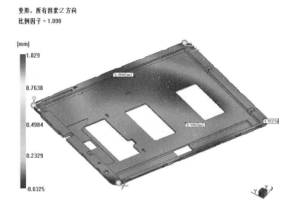

图 9-22　原有方案 Z 向总体变形

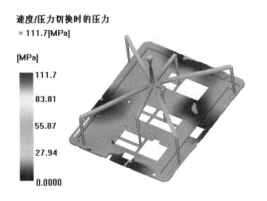

图 9-23　调整方案速度/压力切换时的压力

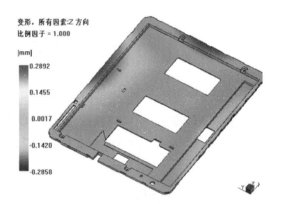

图 9-24　调整方案 Z 向总体变形

图 9-25　原有方案模型

　　原有方案对称设置两个侧浇口进浇，其分析变形结果如图 9-26 所示。可以看出：塑件总体变形为 0.3614～1.467mm；玻璃纤维取向引起的变形为 0.1086～1.561mm，是引起变形的主要因素；而收缩不均引起的变形为 0.3862～1.464mm，是引起变形的次要因素；而冷却不均影响可以忽略。

　　考虑到取向引起变形的因素，把浇口改成如图 9-27 所示靠近塑件一侧进浇，其变形结果如图 9-28 所示。可以看出，塑件总体变形仅为 0.1880～0.9214mm，取向引起的变形为 0.1738～1.004mm，收缩不均引起的变形为 0.3446～1.330mm，尤其是取向引起的变形较原有方案有较大改善（收缩不均引起的变形可以通过保压曲线的优化来改善）。

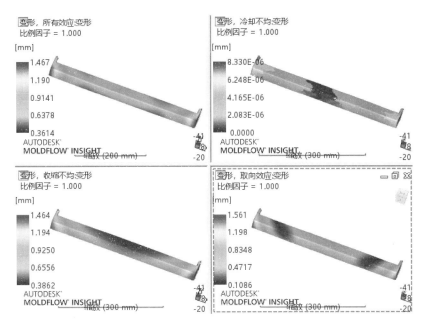

图 9-26　原有方案变形结果

图 9-27　调整方案模型

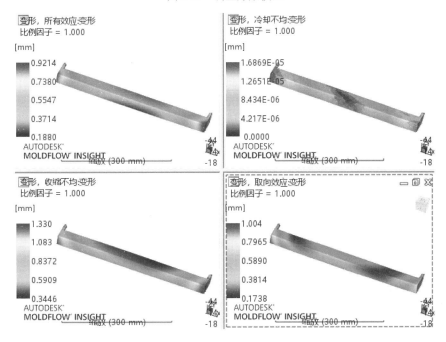

图 9-28　调整方案变形结果

### 9.3.3 优化产品设计

当成型工艺和模具设计方案调整都不能满足要求时，可以考虑对产品设计进行优化，比如调整产品结构、形状（开设加强筋、对称布置等）或产品局部壁厚等。

### 9.3.4 预变形设计

通过 CAE 预测塑件的变形情况，然后在模具设计中进行反向补偿来改善，具体操作过程如下。

Step1：在 CAE 翘曲分析结果中，勾选需要作预变形设计的变形结果（如"变形，所有效应:Z 方向"）。

Step2：选择"结果-导出和发布-翘曲变形"命令，弹出如图 9-29 所示对话框，根据需要设置相应参数，这里分别设置为"二进制 STL""公制单位""相反""0.6"（尽量不要设为 1），单击"确定"按钮，导出反向变形的 STL 模型。

Step3：利用导出的模型在 CAD 软件中进行模拟装配/验证或模腔设计。

工艺参数优化变形案例分享

产品结构优化变形案例分享

图 9-29 "导出翘曲网格/几何体"对话框

# 9.4 综合实例应用

本节以"实例模型\chapter9\9-4 练习"中模型为例介绍其模拟优化过程。

基本信息和分析目的如下。

产品名称：某款电子产品上盖。

选用材料：PC（Lexan BPL1000）。

外形尺寸：245mm×182mm×12mm。

主体壁厚：2mm 左右。凸台壁厚：1mm。内部筋厚：0.7mm。

分析目的：优化、验证模具方案的可行性和产品的成型性。

具体要求如下。

（1）模具浇口位置优化及浇注系统方案的确定。

（2）模具冷却系统方案的确定。

（3）产品厚度方向上的平面度控制在 1mm 以内。

## 9.4.1 浇注系统优化设计

### 1. 浇口位置分析

综合考虑到本产品外形尺寸、结构和外观面的要求,确定采用一模一腔、四点潜伏式浇口的模具方案,下面首先通过 Moldflow 来分析和确定浇口位置,从而确定浇注系统方案。

Step1:启动 AMI,新建工程后,选择"主页-导入"命令,选择"实例模型\chapter9\9-4 练习\pan.igs",单击"打开"按钮,选择"Dual Domain"模型即可打开如图 9-30 所示模型,重新命名为"浇口位置"。

Step2:选择"网格-生成网格"命令,在"全局边长"栏中输入"4",生成网格后统计并完善网格(这里不再赘述)。

Step3:分析序列选择"浇口位置"。

Step4:选择物料 PC(Lexan BPL1000),该物料推荐工艺如图 9-31 所示,PVT 曲线如图 9-32 所示,转变温度为 111℃。

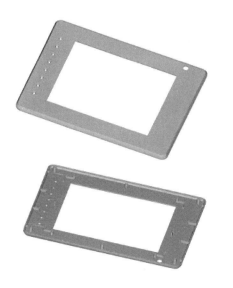

| 描述 | 推荐工艺 | 流变属性 | 热属性 | pvT 属性 | 机械属性 | 收缩属性 | 填充物属性 |
|---|---|---|---|---|---|---|---|

| | | |
|---|---|---|
| 模具表面温度 | 82 | C |
| 熔体温度 | 260 | C |

模具温度范围(推荐)

| | | |
|---|---|---|
| 最小值 | 71 | C |
| 最大值 | 93 | C |

熔体温度范围(推荐)

| | | |
|---|---|---|
| 最小值 | 250 | C |
| 最大值 | 270 | C |

| | | |
|---|---|---|
| 绝对最大熔体温度 | 310 | C |
| 顶出温度 | 97 | C |

| | | |
|---|---|---|
| 最大剪切应力 | 0.5 | MPa |
| 最大剪切速率 | 40000 | 1/s |

图 9-30　模型　　　　　　　　　　　图 9-31　推荐工艺

Step5:为确保潜伏式浇口位置的可行性,也避免模具上斜推杆结构(产品内底壁两处的卡扣),要对浇口位置进行一定设定限制,具体操作如下。

(1)如图 9-33 所示,新建层"浇口",然后在"几何"或"网格"菜单下通过"选择-选择面向着屏幕的实体"命令(如图 9-34 所示),框选如图 9-35 所示产品底部框中的图元(确保节点层显示),然后将其全部指定到"浇口"层。

(2)关闭其他层,仅显示"浇口"层,然后选择图 9-34 中的"选择-属性"命令,在弹出的对话框中选择"三角形单元",单击"确定"按钮即选中了"浇口"层中的三角形单元,然后将其指定到原有"三角形"网格单元层上去,这样"浇口"层中仅留下可以设置浇口位置的节点了。

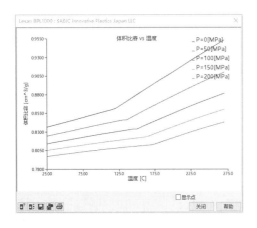

图 9-32　PVT 曲线

图 9-33　图层管理区

图 9-34　"选择"工具栏

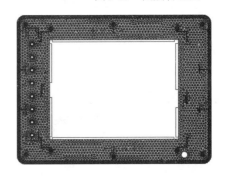

图 9-35　浇口位置区域

（3）显示其他节点层，关闭"浇口"层。

（4）选择"边界条件-限制性浇口节点"命令，显示如图 9-36 所示对话框，框选模型中的所有节点（提前取消图 9-34 中的"选择面向着屏幕的实体"命令），单击"应用"按钮，完成限制性浇口的设定。

Step6：双击任务区的"工艺设置"图标，在弹出的"工艺设置向导-浇口位置设置"对话框中将浇口数量设为"4"。

Step7：运行分析后，得到如图 9-37 所示位置结果。

图 9-36　"限制性浇口节点"对话框

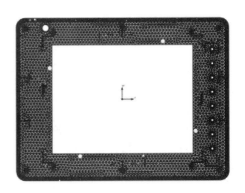

图 9-37　浇口位置结果

### 2. 创建浇注系统

Step1：选择"几何-创建局部坐标系"命令，创建以（0 0 0）为原点的局部坐标系，看出点（0 0 0）在产品分型面上且在内孔的中心位置（如图 9-37 所示）。

【提示】局部坐标系创建方法见 5.1 节。这里可设置如下：第一坐标（0 0 0），第二坐标（5 0 0），第三坐标（0 5 0）。

Step2：选择"几何-流道系统"命令，通过向导创建如图 9-38 所示浇注系统，其中尺寸如下。主流道位置：X 为 0，Y 为 0，分型面 Z 为 0。主流道：入口直径 3.5mm，长度 60mm，拔模角 3°。分流道：圆形，直径 6mm。潜伏式浇口：入口直径 1.6mm，拔模角 15°，长度 10mm。该分流道布置形式不太符合实际，可以把分流道删除后，按照实际形式手工创建。

Step3：选择创建的局部坐标系，选择"几何-建模基准面"命令即可创建如图 9-39 所示网格基准面（网格长 10mm），根据图 9-40 中关键节点的坐标（分流道末端冷料井长 10mm）进行分流道中心线的创建，这里不再赘述。

Step4：选取创建的分流道中心线，选择"几何-指定"命令，在如图 9-41 所示对话框中将其指定成直径为 5mm 的冷流道。

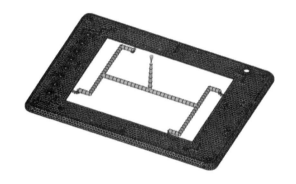

图 9-38　浇注系统向导创建结果

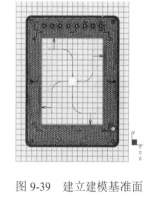

图 9-39　建立建模基准面

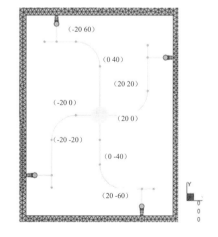

图 9-40　分流道中心线关键节点的坐标

图 9-41　"指定属性"对话框

Step5：选择"网格-生成网格"命令，弹出如图 9-42 所示对话框，在"曲线"选项卡中将浇注系统的长径比设为"1.5"，划分网格后得到如图 9-43 所示结果。

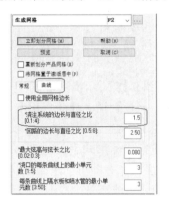

图 9-42 "生成网格"对话框

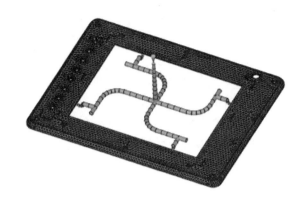

图 9-43 分流道创建结果

### 3. 成型窗口分析

Step1：复制上述模型，重新命名为"成型窗口"，将分析序列改成"成型窗口"。

Step2：工艺设置为默认。

Step3：运行分析，分析完成后勾选并在结果中的"质量(成型窗口):XY 图"上单击鼠标右键，选择"属性"命令，进行如图 9-44 所示设置（使熔体温度和模具温度尽量接近图 9-31 中的推荐工艺参数值），得到如图 9-45 所示结果。

Step4：选择"结果-检查"命令，查看图 9-45 中最高点坐标，可得到最佳注射时间为 0.6793s，这里取 0.7s，可得到注射速率为：55.33（通过网格统计查看模型体积）/0.7≈79cm³/s。

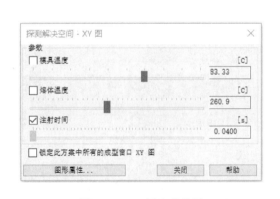

图 9-44 XY 图参数设置

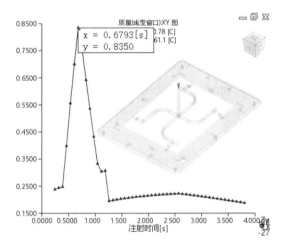

图 9-45 质量(成型窗口):XY 图

### 4. 快速充填分析

Step1：复制上述模型，重新命名为"快速充填"，将分析序列改成"快速充填"。

Step2：工艺设置中将充填时间设置为"0.7"s，其他按默认设置。

Step3：运行分析，经分析后得到以下结果。

（1）充填时间如图 9-46 所示，各最末端充填时间基本相同（相差小于 0.02s）。

（2）速度/压力切换时的压力如图 9-47 所示，各最末端压力也基本相同。

（3）流动前沿温度如图 9-48 所示，各处前沿温度较为均衡，符合要求范围。

以上结果说明浇注系统设计方案符合填充平衡的要求。

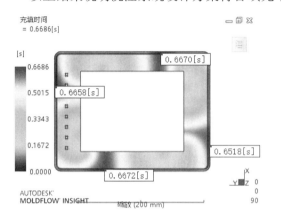

图 9-46　充填时间　　　　　　　　　　　图 9-47　速度/压力切换时的压力

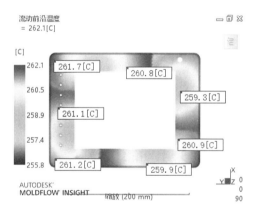

图 9-48　流动前沿温度

## 9.4.2　冷却验证分析

Step1：复制上述模型，重新命名为"冷却"。

Step2：导入冷却水路中心线。选择"主页-添加"命令，选择"实例模型\chapter9\9-4 练习\cooling.igs"，单击"打开"按钮即可打开如图 9-49 所示模型。

Step3：选择冷却水路中心线后，选择"几何-指定"命令，设置为"管道"，形状为圆形，直径为 10mm。

Step4：选择"网格-生成网格"命令，在如图 9-50 所示"曲线"选项卡中将回路的长径比设为"2.5"，完成网格划分。

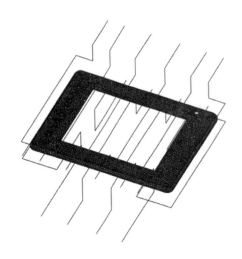

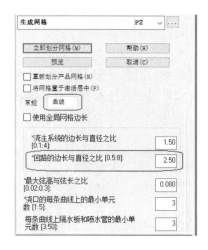

图 9-49　导入冷却水路中心线　　　　　图 9-50　"生成网格"对话框

**Step5**：选择"边界条件-冷却液入口/出口"命令，为每个循环水路设置冷却液入口，得到如图 9-51 所示最终结果。由于目标温度为 82℃，按照冷却介质温度比目标模温低 10℃～20℃的要求，动、定模侧均设置为 70℃。

图 9-51　水路创建结果

**Step6**：选择"冷却"分析序列。

**Step7**：设置工艺。这里 IPC（注射+保压+冷却）时间选用默认的"30"s。

**Step8**：运行分析，经分析后得到以下结果。

（1）回路冷却液温度如图 9-52 所示，进出水温差 0.41℃，小于要求的 3℃。

（2）温度，模具如图 9-53 所示，从分析日志中可以查到型腔表面平均温度为 77.1℃，在小于模具目标温度 10℃以内；单侧温度较为均匀，相差小于要求的 10℃，可以接受。

（3）温度，零件如图 9-54 所示，总体温度高于模具温度，单侧温度较为均匀，相差小于要求的 10℃；从分析日志中可以查到零件表面平均温度为 81℃，温度高于冷却介质温度 11℃（要求表面温度不能高于冷却介质温度 20℃），符合要求。

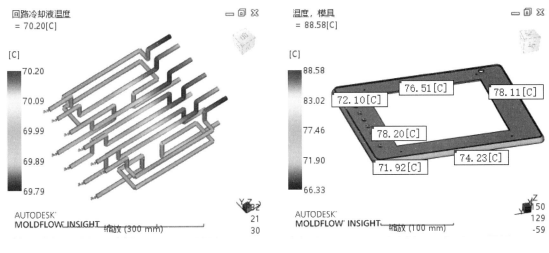

图 9-52　回路冷却液温度　　　　　　　　　图 9-53　温度，模具

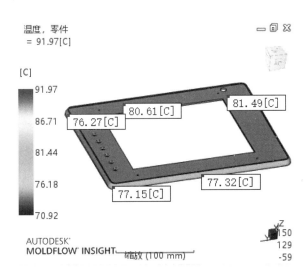

图 9-54　温度，零件

以上结果说明冷却水路的布置合理，满足模具和产品的冷却要求。

## 9.4.3　翘曲变形优化

### 1. 初次保压分析

Step1：复制上述模型，重新命名为"初次保压"。

Step2：选择"冷却+填充+保压+翘曲"分析序列。

Step3：设置工艺。注射时间：0.7s。速度/压力切换：由%充填体积98%。压力控制（%填充压力与时间）采用如图 9-55 所示默认压力。勾选"分离翘曲原因"复选框。

Step4：运行分析，经分析后得到如图 9-56 所示变形结果。

图 9-55　保压参数

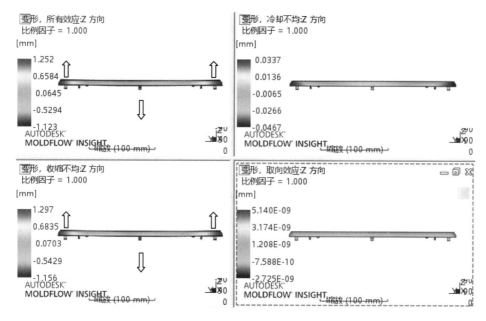

图 9-56　厚度方向（Z 向）上变形结果

通过上述变形结果可以看出：产品厚度方向（Z 向）上总变形为-1.123～1.252mm（最大变形量是 2.375mm），中间下凹，两端上翘，其中收缩不均变形为-1.156～1.297mm，和总变形趋势一样，是引起塑件变形的主要原因；冷却不均引起的变形均小于 0.1mm，影响不大；而分子取向效应几乎无影响。

### 2. 保压曲线优化

Step1：复制上述模型，重新命名为"保压曲线 1"。

Step2：由如图 9-57 所示冻结层因子和如图 9-58 所示压力:XY 图结果，按照 8.6 节所述方法进行保压曲线优化。保压曲线 1（%填充压力与时间）参数如图 9-59 所示。

Step3：运行分析后得到如图 9-60 所示结果。

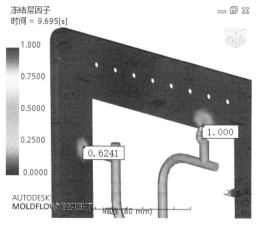

图 9-57　冻结层因子

图 9-58　压力:XY 图

图 9-59　保压曲线 1 参数

图 9-60　保压曲线 1 变形结果

从翘曲变形结果来看，总体变形比初次分析结果更大，说明衰减型保压曲线不起作用。从如图 9-57 所示冻结层因子可以看出，当浇口冻结时，产品主壁靠近浇口处有一小部分还没完全冻结（条件许可下可采用适当加大浇口尺寸来解决此问题）。同时考虑到本产品壁厚有一定的差异，因此采用递增的保压曲线来尝试优化。

Step4：复制上述模型，重新命名为"保压曲线 2"。

Step5：本次采用如图 9-61 所示保压曲线 2（保压压力与时间）。

Step6：运行分析后得到如图 9-62 所示结果。

从翘曲变形结果来看，梯度保压曲线可以对产品浇口端由近及远进行分级保压，对减小变形起到了一定的效果。但保压曲线中最大压力已达到 80MPa，在实际成型中也不宜采用过大的保压压力，否则容易引起产品内应力和外形尺寸的超差，反而会得不偿失。由于产品壁厚设计基本符合总体设计要求，因此考虑采用动、定模不同的冷却水温对变形进行补偿。

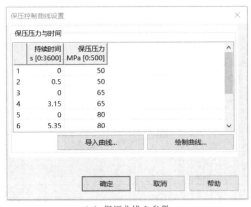

（a）保压曲线 2 参数

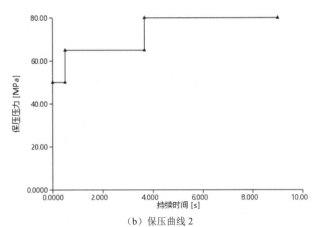

（b）保压曲线 2

图 9-61　保压曲线 2 及其参数

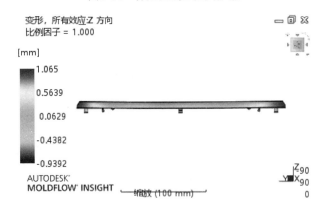

图 9-62　保压曲线 2 变形结果

### 3. 冷却液温度调整分析

Step1：复制上述模型，重新命名为"工艺优化"。

Step2：考虑到产品的变形特点，将定模侧水温设为 25℃，动模侧水温设为 90℃。

Step3：运行分析后得到如图 9-63 所示变形结果。

可以看到，通过动、定模水温的不同，使冷却不均引起的变形对总变形起到补偿的作用，因此减小了总变形，产品厚度方向（Z 向）上最大变形量为 0.94mm，符合产品厚度方向上平面度的要求。

其他部分分析结果如图 9-64 所示。

（1）顶出时的体积收缩率为 3.428%，符合 PC 料的评估要求。

（2）注射位置处的最大压力为 84MPa，小于 100MPa，满足注塑机要求。

（3）缩痕估算为 0.0246，小于 0.03，可以接受。

（4）气穴位置：可以结合该结果位置设置相应的排气系统。

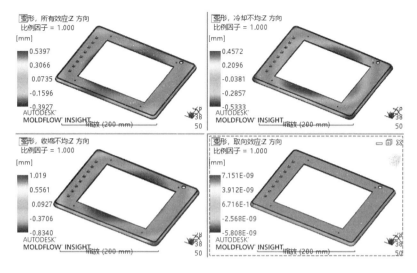

图 9-63　冷却液温度调整后变形结果

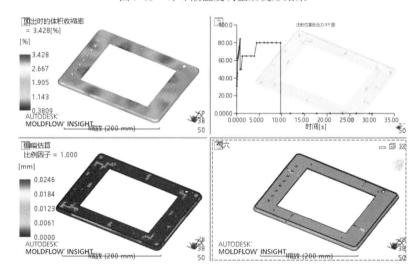

图 9-64　其他部分分析结果

本实例结果见"实例模型\chapter9\9-4 结果"。

在实际分析优化中，经常需要采取不同参数进行多种方案的分析和对比，才能找到相对较佳的方案。同时在试模成型时，还需要将 Moldflow 中得到的"推荐的螺杆速度"进行相应的计算和换算成螺杆位置和速度之间的关系，才能输入到注塑机进行生产，这里就不作介绍了。

某汽车 B 柱下护板
模流分析案例分享

# 9.5　双色注射成型分析

AMI 分析类型中的"热塑性塑料重叠注塑"模块可以实现双色或嵌件成型的模拟分析，该模块对于双色注射成型提供以下三种分析序列。

（1）"充填+保压+重叠注塑充填"。

（2）"充填+保压+重叠注塑充填+重叠注塑保压"。

（3）"充填+保压+重叠注塑充填+重叠注塑充填+翘曲"：只适用于 3D 网格。

下面以如图 9-65 所示双色塑件为例，介绍其具体操作过程。

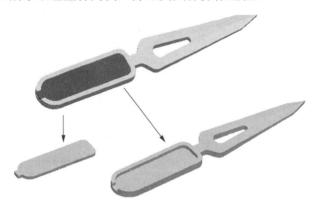

图 9-65　双色塑件模型

## 9.5.1　分析前处理

### 1．新建工程

启动 AMI，单击"新建工程"按钮，弹出如图 9-66 所示"创建新工程"对话框，在"创建位置"栏中指定工程路径，在"工程名称"栏中输入"double"，单击"确定"按钮完成创建。

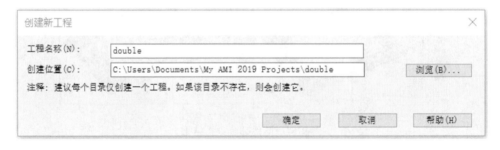

图 9-66　"创建新工程"对话框

### 2．导入主模型并划分网格

Step1：导入模型。选择"导入"命令，选择"实例模型\ chapter9\double\body.stl"，单击"打开"按钮，系统弹出"导入"对话框，选择网格类型"Dual Domain"，尺寸单位默认为"毫米"，单击"确定"按钮，导入主模型。

Step2：网格划分。双击任务区的" 创建网格…"图标，弹出"生成网格"对话框，在"全局边长"栏中输入"2"，单击"立即划分网格"按钮，生成网格。

Step3：网格统计、诊断和修复。具体操作不作赘述，完成结果如图 9-67 所示。

Step4：保存模型。

### 3. 导入次模型并划分网格

Step1：导入模型。选择"主页-导入"命令，选择"实例模型\chapter9\double\insert.stl"，网格类型同样选择"Dual Domain"选项，尺寸单位默认为"毫米"，单击"确定"按钮，导入次模型。

Step2：网格划分。双击任务区的" 创建网格…"图标，弹出"生成网格"对话框，在"全局边长"栏中输入"2"，单击"立即划分网格"按钮，生成网格。

Step3：网格统计、诊断和修复。具体操作不作赘述，完成结果如图 9-68 所示。

Step4：保存模型。

图 9-67　主模型网格

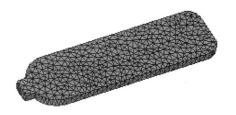

图 9-68　次模型网格

### 4. 主模型添加次模型

双击工程管理区的"body_study"方案，然后选择"主页-添加"命令，进入如图 9-69 所示"选择要添加的模型"对话框，选择 "\double\ insert_study.sdy"，单击"打开"按钮，显示如图 9-70 所示结果，此时，图层管理区会分开显示两个模型的层组成，如图 9-71 所示。

图 9-69　"选择要添加的模型"对话框

图 9-70　主、次模型合并

【提示】双色塑件两个模型在 CAD 软件中造型设计时，建议用装配体拆分的方法来创建（也符合装配体设计的原则），这样两个模型导入 AMI 时，不需要重新调整位置就能保持正确的位置关系。如果添加模型后，两个模型的相对位置关系不对，则采用菜单"几何-移动"中的相关命令来移动模型，使两个模型处于正确的位置关系。

当两个模型划分网格边长一致时，也可以按照如下步骤操作，达到同样的效果。

Step1：选择"主页-导入"命令，导入主模型 STL 文件。

Step2：选择"主页-添加"命令，导入次模型 STL 文件。

Step3：如果需要，利用菜单"几何-移动"中的相关命令调整两个模型的位置至合适状态。

Step4：双击任务区的" 创建网格…"图标对两个模型进行网格划分。

### 5. 设置成型方式

单击"主页"菜单下"热塑性注塑成型"下方黑三角，选择如图 9-72 所示的"热塑性塑料重叠注塑"选项。

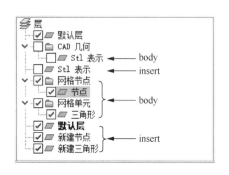

图 9-71　图层管理区　　　　　　　　图 9-72　选择"热塑性塑料重叠注塑"选项

### 6. 设置注射顺序

Step1：关闭主模型 body 的所有相应层（如图 9-71 所示），仅显示次模型 insert 网格模型。

Step2：框选次模型显示区的所有图元，选择"几何-编辑"命令，选取"选择属性"框中的所有零件表面后，单击"确定"按钮，弹出如图 9-73 所示"零件表面（Dual Domain）"属性框。

图 9-73　"零件表面（Dual Domain）"属性框

Step3：选择"重叠注塑组成"选项卡，在"组成"栏中选择"第二次注射"选项。

Step4：单击"确定"按钮，完成设置，次模型 insert 会以不同的颜色显示。

Step5：勾选主模型 body 的"三角形"层，显示如图 9-74 所示结果。

图 9-74　模型显示

以上步骤即设置第二次注射属性，这里针对次模型 insert 进行设置。主模型 body 为第一次注射，由于默认属性为"第一次注射"，因此主模型不需要另外设置。

### 7．选择分析序列

双击任务区的"<sup> </sup>填充"图标，弹出如图 9-75 所示"选择分析序列"对话框，选择"填充+保压+重叠注塑充填+重叠注塑保压"选项，单击"确定"按钮，完成设置。此时，任务区会变成如图 9-76 所示显示效果。

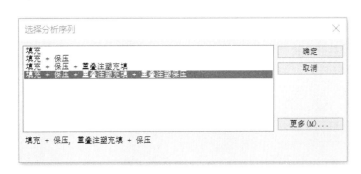

图 9-75　"选择分析序列"对话框　　　　　　　　图 9-76　重叠注塑任务区

### 8．选择材料

Step1：选择主模型材料。双击任务区的第一个"通用 PP：通用默认"图标，这里选择 Daicel Polymer Ltd 生产的牌号为 Novalloy S 1220 的 PC+ABS 塑料。

Step2：选择次模型材料。双击任务区的第二个"通用 PP：通用默认"图标，这里选择 Monsanto Kasei 生产的牌号为 TFX-210 的 ABS 塑料。

### 9．设置注射位置

Step1：设置主模型注射位置。双击任务区的"设置注射位置…"图标，选择主模型 body 上的节点 N176 作为注射位置，结果如图 9-77 所示。

Step2：设置次模型注射位置。双击任务区的"1 个重叠注塑注射位置"图标，选择次模型 insert 上的节点 N3569 作为注射位置，结果如图 9-78 所示。

【提示】主、次模型（组合模型）注射位置如图 9-79 所示，也可以针对主、次模型创建各自的浇注系统，然后在主流道入口处分别设置注射位置。

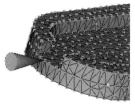

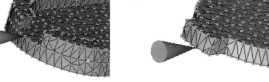

图 9-77　主模型注射位置　　　　图 9-78　次模型注射位置　　　　图 9-79　主、次模型注射位置

### 10．设置工艺

**Step1**：设置第一次成型工艺。双击任务区的 "🔧 工艺设置" 图标，弹出如图 9-80 所示 "工艺设置向导-第一个组成阶段的充填+保压设置" 对话框，即设置第一次注射成型主模型 body 的工艺，这里将 "充填控制" 设置为 "注射时间" 并输入 "1"，其他均采用默认值。

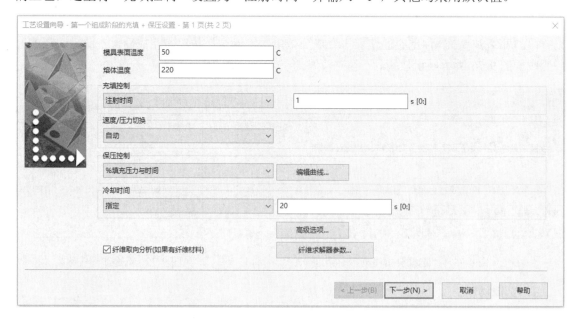

图 9-80　"工艺设置向导-第一个组成阶段的充填+保压设置" 对话框

**Step2**：设置第二次成型工艺。单击 "下一步" 按钮，进入如图 9-81 所示 "工艺设置向导-重叠注塑阶段的充填+保压设置" 对话框，即设置第二次注射成型次模型 insert 的工艺，这里将 "模具表面温度" 和 "熔体温度" 栏分别设置为第二料的推荐工艺参数 "50" 和 "220"，"充填控制" 设置为 "注射时间" 并输入 "1"，其他均采用默认值。

【说明】由双色成型原理可知，在正常注射成型过程中，双色料是同时进行成型第一色和第二色部分的，因此就要求两次注射和保压的时间尽可能一致。本实例中由于主、次模型相比体积有一定差距，为了保证顺利成型，这里均将注射时间设置为 1s。

**Step3**：单击 "完成" 按钮，完成设置。

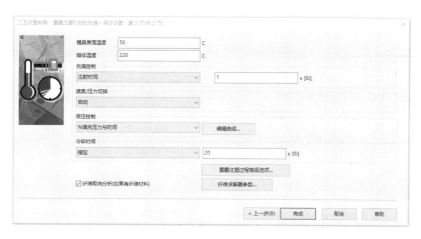

图 9-81　"工艺设置向导-重叠注塑阶段的充填+保压设置"对话框

## 9.5.2　分析处理

双击任务区的"<u>开始分析!</u>"图标，单击弹出确认框中的"确定"按钮，AMI 求解器开始执行计算分析。

通过分析日志，可以分别实时查看主、次模型两个注射阶段的求解器参数、材料数据、工艺设置、模型细节、充填+保压分析进程及各阶段结果摘要等信息。

## 9.5.3　分析结果

计算完成后会弹出"分析完成"提示框，单击"确定"按钮，在任务区的"结果"列表中会显示出如图 9-82 所示分析结果，主、次模型流动结果分别如图 9-83、图 9-84 所示，和普通注射成型分析结果类似。下面选取部分结果进行比较分析。

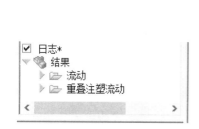

图 9-82　分析结果

图 9-83　第一次成型流动结果

图 9-84　重叠成型流动结果

### 1．充填时间

充填时间如图 9-85 所示，由图可知，主、次模型充填时间比较接近，基本符合程序要求。

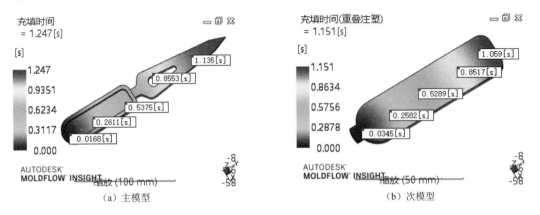

（a）主模型 　　　　　　　　　　　　　　　　　（b）次模型

图 9-85　充填时间

### 2．流动前沿温度

流动前沿温度如图 9-86 所示，由图可知，主、次模型注射过程中流动前沿温度差均在合理范围内。

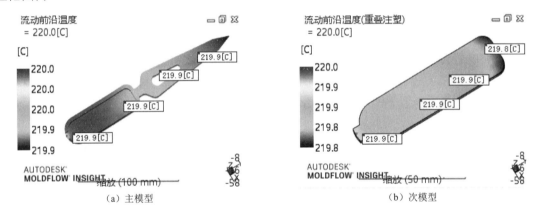

（a）主模型 　　　　　　　　　　　　　　　　　（b）次模型

图 9-86　流动前沿温度

### 3．顶出时的体积收缩率

顶出时的体积收缩率如图 9-87 所示，由图可知，在主、次模型组合部分处的收缩率，主模型的值均接近或稍大于次模型对应位置的值，因而也有利于提高两个模型的结合度。

### 4．填充末端总体温度

填充末端总体温度如图 9-88 所示，由图可知，主、次模型注射过程中填充末端总体温度差也均在合理范围内，同时可以看出，主、次模型的温度之间基本没有影响。

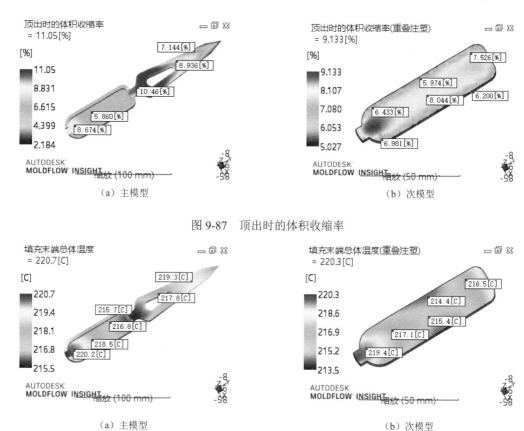

图 9-87　顶出时的体积收缩率

图 9-88　填充末端总体温度

## 5．填充末端冻结层因子

填充末端冻结层因子如图 9-89 所示，利用冻结层因子主要了解模型的温度分布和各处冷却时间长短，由图可知，主模型冷却时间较长，温度分布均匀性不如次模型，但在主、次模型组合处，两者的温度分布基本相近。

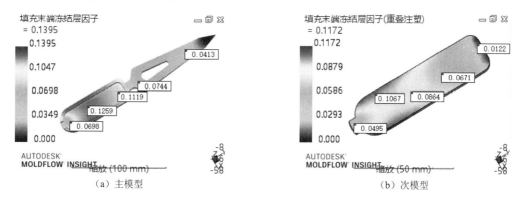

图 9-89　填充末端冻结层因子

本实例创建结果见"实例模型\chapter9\double"。

# 9.6　气体辅助注射成型分析

AMI 分析类型中的"气体辅助注射成型"模块可以对气辅成型进行模拟分析，该模块只能对中性面和 3D 网格进行成型分析，不同网格类型提供的分析序列也有所不同，3D 网格提供"填充""填充+保压""填充+保压+翘曲"等多种分析序列。

本节以汽车门把手为例，介绍气体辅助注射成型分析过程。

## 9.6.1　分析前处理

### 1．新建工程

启动 AMI，单击"新建工程"按钮，弹出"创建新工程"对话框，在"工程名称"栏中输入"gaim"，在"创建位置"栏中指定工程路径，单击"确定"按钮完成创建。

### 2．导入模型

选择"主页-导入"命令，选择"实例模型\chapter9\gaim\shouba.stl"，单击"打开"按钮，系统弹出"导入"对话框，选择网格类型"Dual Domain"，尺寸单位默认为"毫米"，单击"确定"按钮，导入如图 9-90 所示模型。

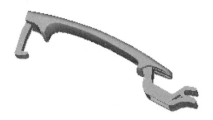

图 9-90　shouba STL 模型

【提示】本模型属于厚壁棒类塑件，需要采用 3D 网格，通常先划分成双面网格，经修复完善后再转成 3D 网格。

### 3．生成网格

Step1：双面网格划分。双击任务区的"创建网格…"图标，弹出"生成网格"对话框，在"全局边长"栏中输入"2"，单击"立即划分网格"按钮，生成双面网格。

Step2：网格修复。选择"网格-网格统计"命令，按照双面网格要求对模型进行网格修复。

Step3：3D 网格划分。在"主页"菜单下将网格类型转换成 3D，双击任务区的"3D 网格(0 个单元)"图标，弹出如图 9-91 所示 3D"生成网格"对话框，在如图 9-91（a）所示"常规"选项卡的"全局边长"栏中输入"2"，可以在如图 9-91（b）所示"四面体"选项卡中设置塑件厚度方向上四面体网格的层数，单击"立即划分网格"按钮，生成如图 9-92 所示 3D 网格模型。

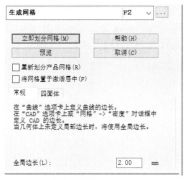

（a）"常规"选项卡

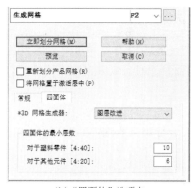

（b）"四面体"选项卡

图9-91　3D"生成网格"对话框

Step4：网格统计。选择"网格-网格统计"命令，弹出"网格统计"对话框，在"单元类型"栏中选择"四面体"选项，单击"显示"按钮，弹出如图 9-93 所示"四面体"统计信息框，最大纵横比为 29.58，在 5～50 范围内，符合 3D 网格要求。

### 4．设置成型方式

单击"主页"菜单下"热塑性注塑成型"下方黑三角，选择如图 9-94 所示的"气体辅助注射成型"选项。

图9-92　shouba 3D 网格模型

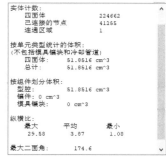

图9-93　"四面体"统计信息框

多料筒热塑性塑料注射成型

热塑性塑料重叠注塑

热塑性注塑成型

粉末注射成型

气体辅助注射成型

反应成型

微芯片封装

底层覆晶封装

热塑性塑料注射压缩成型

热塑性塑料压缩成型

反应注射压缩成型

反应压缩成型

热塑性塑料微孔发泡注射成型

传递成型或结构反应成型

热塑性塑料注射压缩重叠注塑

热塑性塑料压缩重叠注塑

冷却液流动

图9-94　选择"气体辅助注射成型"选项

### 5．选择分析序列

双击任务区的"<sup>  </sup>填充"图标，在如图 9-95 所示"选择分析序列"对话框中选择"填充+保压+翘曲"选项，单击"确定"按钮。

### 6．选择材料

这里选择牌号为 TFX-210 的 ABS 塑料。

### 7．设置注射位置

双击任务区的"  设置注射位置…"图标，光标显示为"+"形，单击节点 N4609 作为注射位置，如图 9-96 所示。

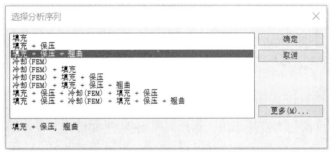

图 9-95 "选择分析序列"对话框

图 9-96 设置注射位置

### 8．设置气体入口及其属性

Step1：双击任务区的"  设置气体入口…"图标，弹出如图 9-97 所示"设置气体入口"设置框，同时光标显示为"+"形，单击节点 N4046 作为气体入口位置，如图 9-98 所示。

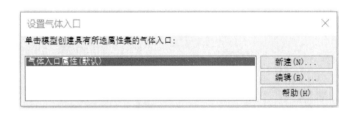

图 9-97 "设置气体入口"设置框

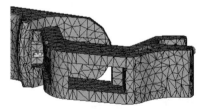

图 9-98 设置气体入口

Step2：单击"编辑"按钮，弹出如图 9-99 所示"气体入口"属性框。（也可以单击"新建"按钮以新建"气体入口"属性。）

Step3：单击"编辑"按钮，弹出如图 9-100 所示"气体辅助注射控制器"编辑框。（如存在已定义的"气体辅助注射控制器"，则可单击"选择"按钮来选取。）

Step4：编辑"气体延迟时间"，在该栏中输入"0.4"，"气体注射控制"栏中选择"指定"由"气体压力控制器"来控制。

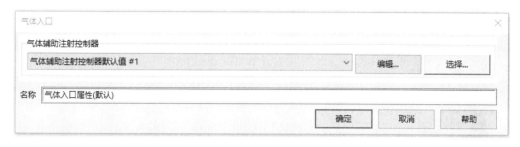

图 9-99　"气体入口"属性框

图 9-100　"气体辅助注射控制器"编辑框

【提示】"气体注射控制"栏有"指定"和"自动"两个选项："自动"由系统自动控制充气方式；"指定"需要手动设置气体注射控制方式，也包括"气体压力控制器"和"气体体积控制器"两个选项。

Step5：单击"编辑控制器设置"按钮，弹出"气体压力控制器设置"设置框，设置成如图 9-101 所示的值，然后依次单击"确定"按钮，完成设置。

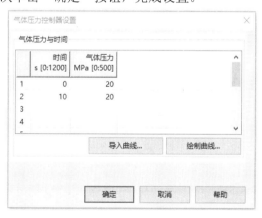

图 9-101　"气体压力控制器设置"设置框

### 9. 设置工艺

Step1：双击任务区的" 工艺设置 (默认)"图标，弹出如图 9-102 所示"工艺设置向导-填充+保压设置"对话框，在"速度/压力切换"栏中选择"由%充填体积"选项，并设置为 75%（厚壁中空注射成型），其他均采用默认值。

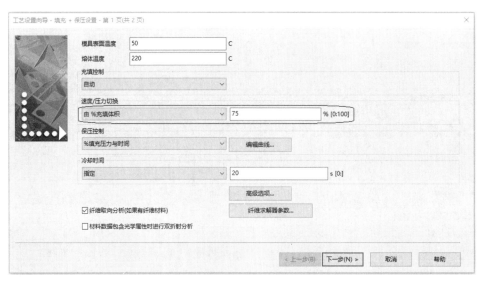

图 9-102　"工艺设置向导-填充+保压设置"对话框

【提示】因为注射完成后由气体来进行保压，所以这里"保压控制"中的保压曲线不需要设置。

Step2：单击"下一步"按钮，弹出如图 9-103 所示"工艺设置向导-翘曲设置"对话框，勾选"分离翘曲原因"复选框（按影响原因分别列出），其余按默认值。

Step3：单击"完成"按钮，完成设置。

图 9-103　"工艺设置向导-翘曲设置"对话框

## 9.6.2　分析处理

双击任务区的"↘ 开始分析！"图标，单击弹出确认框中的"确定"按钮，AMI 求解器开始执行计算分析。

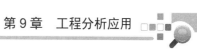

通过分析日志，除可以实时查看求解器参数、材料数据、工艺设置、模型细节、填充分析进程及各阶段结果摘要等信息外，还可以查看如图 9-104 所示气体注射过程和如图 9-105 所示气体保压过程等信息。

在速度控制下已充填指定的体积。正在切换到压力控制。

| 2.455 | 75.089 | 1.254E+01 | 1.30E+00 | 16.175 | 3.45 | | | | U/P |
| 2.465 | 75.503 | 1.003E+01 | 1.09E+00 | 13.192 | 3.46 | | | | P |
| 2.511 | 76.418 | 1.003E+01 | 1.07E+00 | 10.165 | 3.55 | | | | P |
| 2.684 | 79.824 | 1.003E+01 | 1.09E+00 | 9.953 | 3.76 | | | | P |
| 2.855 | 83.301 | 1.003E+01 | 1.12E+00 | 9.615 | 3.93 | | | | P |

气体控制器指数 # 1 中的气体注射已开始。

| 时间 | 充填体积 | 注射压力 | 锁模力 | 零件质量 | 冻结 | 气体注射 | | | 状态 |
|---|---|---|---|---|---|---|---|---|---|
| (s) | (%) | (MPa) | (公制吨) | (g) | 体积(%) | 指数 | 体积(%) | 压力(MPa) | |
| 2.856 | 83.301 | | 3.69E+00 | 4.28E+01 | 3.93 | 1 | 0.106 | 1.500E+01 | G |
| 2.857 | 83.301 | | 4.13E+00 | 4.27E+01 | 3.91 | 1 | 0.246 | 1.500E+01 | G |
| 2.858 | 83.301 | | 4.39E+00 | 4.26E+01 | 3.92 | 1 | 0.433 | 1.500E+01 | G |
| 2.859 | 83.538 | | 4.55E+00 | 4.26E+01 | 3.91 | 1 | 0.717 | 1.500E+01 | G |
| 2.860 | 83.808 | | 4.67E+00 | 4.26E+01 | 3.92 | 1 | 1.039 | 1.500E+01 | G |
| 2.861 | 84.107 | | 4.76E+00 | 4.25E+01 | 3.93 | 1 | 1.459 | 1.500E+01 | G |
| 2.863 | 84.989 | | 4.85E+00 | 4.25E+01 | 3.92 | 1 | 2.357 | 1.500E+01 | G |
| 2.864 | 85.925 | | 4.94E+00 | 4.25E+01 | 3.92 | 1 | 3.229 | 1.500E+01 | G |
| 2.865 | 86.608 | | 5.03E+00 | 4.25E+01 | 3.93 | 1 | 4.062 | 1.500E+01 | G |
| 2.866 | 87.364 | | 5.11E+00 | 4.24E+01 | 3.93 | 1 | 4.856 | 1.500E+01 | G |
| 2.867 | 88.196 | | 5.19E+00 | 4.25E+01 | 3.93 | 1 | 5.635 | 1.500E+01 | G |
| 2.868 | 89.083 | | 5.28E+00 | 4.25E+01 | 3.93 | 1 | 6.397 | 1.500E+01 | G |
| 2.869 | 90.046 | | 5.36E+00 | 4.26E+01 | 3.92 | 1 | 7.160 | 1.500E+01 | G |
| 2.870 | 90.657 | | 5.43E+00 | 4.25E+01 | 3.92 | 1 | 7.920 | 1.500E+01 | G |
| 2.871 | 91.858 | | 5.52E+00 | 4.28E+01 | 3.89 | 1 | 8.666 | 1.500E+01 | G |
| 2.872 | 92.538 | | 5.61E+00 | 4.28E+01 | 3.89 | 1 | 9.408 | 1.500E+01 | G |
| 2.873 | 93.244 | | 5.71E+00 | 4.27E+01 | 3.88 | 1 | 10.144 | 1.500E+01 | G |
| 2.874 | 93.969 | | 5.83E+00 | 4.27E+01 | 3.87 | 1 | 10.864 | 1.500E+01 | G |
| 2.875 | 94.592 | | 6.01E+00 | 4.27E+01 | 3.87 | 1 | 11.561 | 1.500E+01 | G |
| 2.876 | 95.050 | | 6.19E+00 | 4.26E+01 | 3.88 | 1 | 12.223 | 1.500E+01 | G |
| 2.877 | 95.849 | | 6.52E+00 | 4.27E+01 | 3.87 | 1 | 12.875 | 1.500E+01 | G |
| 2.878 | 96.277 | | 6.73E+00 | 4.26E+01 | 3.88 | 1 | 13.526 | 1.500E+01 | G |
| 2.879 | 97.063 | | 6.96E+00 | 4.27E+01 | 3.88 | 1 | 14.214 | 1.500E+01 | G |
| 2.880 | 97.422 | | 7.08E+00 | 4.25E+01 | 3.90 | 1 | 14.877 | 1.500E+01 | G |
| 2.881 | 98.082 | | 7.22E+00 | 4.25E+01 | 3.90 | 1 | 15.553 | 1.500E+01 | G |
| 2.882 | 98.667 | | 7.35E+00 | 4.25E+01 | 3.92 | 1 | 16.262 | 1.500E+01 | G |
| 2.883 | 99.340 | | 7.47E+00 | 4.25E+01 | 3.92 | 1 | 16.917 | 1.500E+01 | G |
| 2.884 | 99.940 | | 7.66E+00 | 4.26E+01 | 3.92 | 1 | 17.451 | 1.500E+01 | G |
| 2.885 | 100.000 | | 8.07E+00 | 4.26E+01 | 3.91 | 1 | 17.461 | 1.500E+01 | G |

图 9-104　气体注射过程

保压分析

| 时间 | 充填体积 | 注射压力 | 锁模力 | 零件质量 | 冻结 | 气体注射 | | | 状态 |
|---|---|---|---|---|---|---|---|---|---|
| (s) | (%) | (MPa) | (公制吨) | (g) | 体积(%) | 指数 | 体积(%) | 压力(MPa) | |
| 2.889 | 100.000 | | 8.20E+00 | 4.26E+01 | 3.91 | 1 | 17.461 | 1.500E+01 | G |
| 2.905 | 100.000 | | 8.22E+00 | 4.27E+01 | 3.91 | 1 | 17.461 | 1.500E+01 | G |
| 2.970 | 100.000 | | 8.22E+00 | 4.26E+01 | 3.95 | 1 | 17.516 | 1.500E+01 | G |
| 3.240 | 100.000 | | 8.21E+00 | 4.26E+01 | 4.28 | 1 | 17.702 | 1.500E+01 | G |
| 3.964 | 100.000 | | 8.20E+00 | 4.28E+01 | 5.90 | 1 | 17.711 | 1.500E+01 | G |
| 4.981 | 100.000 | | 8.21E+00 | 4.28E+01 | 7.87 | 1 | 18.058 | 1.500E+01 | G |
| 5.989 | 100.000 | | 8.20E+00 | 4.28E+01 | 9.62 | 1 | 18.309 | 1.500E+01 | G |
| 6.991 | 100.000 | | 8.18E+00 | 4.28E+01 | 11.28 | 1 | 18.555 | 1.500E+01 | G |
| 7.956 | 100.000 | | 8.17E+00 | 4.28E+01 | 12.87 | 1 | 18.750 | 1.500E+01 | G |
| 8.871 | 100.000 | | 8.16E+00 | 4.28E+01 | 14.31 | 1 | 18.947 | 1.500E+01 | G |
| 9.804 | 100.000 | | 8.15E+00 | 4.27E+01 | 15.72 | 1 | 19.119 | 1.500E+01 | G |
| 10.714 | 100.000 | | 8.13E+00 | 4.27E+01 | 16.98 | 1 | 19.291 | 1.500E+01 | G |
| 11.637 | 100.000 | | 8.11E+00 | 4.27E+01 | 18.22 | 1 | 19.437 | 1.500E+01 | G |
| 12.542 | 100.000 | | 8.10E+00 | 4.27E+01 | 19.37 | 1 | 19.561 | 1.500E+01 | G |
| 12.765 | 100.000 | | 8.07E+00 | 4.27E+01 | 19.65 | 1 | 19.604 | 1.500E+01 | G |
| 12.826 | 100.000 | | 8.06E+00 | 4.27E+01 | 19.73 | 1 | 19.617 | 1.500E+01 | G |
| 12.845 | 100.000 | | 8.05E+00 | 4.27E+01 | 19.76 | 1 | 19.621 | 1.500E+01 | G |
| 12.852 | 100.000 | | 8.04E+00 | 4.27E+01 | 19.77 | 1 | 19.624 | 1.500E+01 | G |
| 12.854 | 100.000 | | 8.04E+00 | 4.27E+01 | 19.77 | 1 | 19.625 | 1.500E+01 | G |

气体控制器指数 # 1中的气体注射已结束。

| 12.855 | 100.000 | | 8.04E+00 | 4.27E+01 | 19.77 | 1 | 19.626 | 1.500E+01 | G |
| 12.860 | 100.000 | | 2.14E+00 | 4.24E+01 | 19.78 | 1 | 19.626 | 0.000E+00 | G |

图 9-105　气体保压过程

从日志中可以看到：

（1）熔体注射阶段：0～2.455s，此时型腔充填到 75.247%。

（2）延迟阶段：2.455～2.855s（经过 0.4s 延迟时间）。

（2）气体注射阶段：2.856～2.885s，气体在熔体中心形成中空气道，同时把型腔充填满。

（3）气体保压阶段：2.889～12.854s（约 10s），气体维持 15MPa 进行保压。

## 9.6.3 分析结果

计算完成后会弹出"分析完成"提示框，单击"确定"按钮即可。下面选取部分结果进行分析。

### 1. 充填时间

从图 9-104、图 9-106（a）可以看出，剩下的约 25%空间是由气体注射推动完成的，到注满的时间很短，即 0.029s。

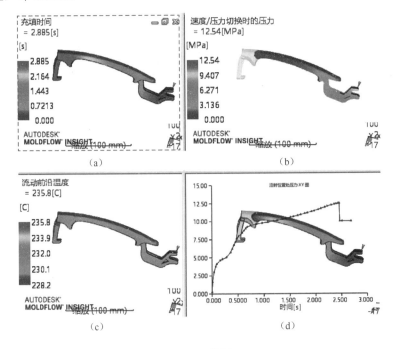

图 9-106　结果一

### 2. 气体的体积百分比:XY 图

气体的体积百分比:XY 图如图 9-107（a）所示，也即气体注射阶段（从 2.856s 到 2.885s 结束），气体的体积百分比达到最大值，为 19.63%，保压冷却阶段，气体的体积百分比略有变化，成型结束时为 20.69%。

### 3. 填充末端压力

填充末端压力如图 9-107（b）所示，可以看出整个塑件填充结束时的压力是比较均匀的。

### 4. 气体型芯

气体型芯如图 9-107（c）所示，形成的中空气道基本符合要求，避免吹破或穿透不充分。

### 5. 变形

变形如图 9-107（d）所示，塑件总体变形量较小，最大变形量为 1.265mm，发生在最后填充部分，其主要原因是最后填充部分没法利用气体进行穿透，保压效果不佳。

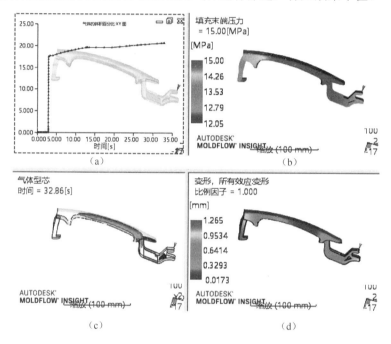

图 9-107 结果二

## 9.6.4 分析讨论

气体辅助注射成型，除普通注射工艺参数（温度、压力和时间）外，增加了气体延迟时间、气体注射压力和气体保压时间等参数，在成型过程中既要保证气体辅助注射的良好效果，又要避免可能出现的如吹破、穿透不足或"手指"效应等，因此各工艺参数值的设定还应根据塑料原料、模具、设备等实际生产情况及操作者的经验加以综合考虑，尽可能在实际设计之前应用 CAE 软件进行分析，以制定出更加合理、优化的工艺条件。

本实例创建结果见"实例模型\chapter9\gaim"。

# 本 章 课 后 习 题

对如图 9-108 所示模型（见"实例模型\chapter9\课后习题\9.stl"）进行下列分析。

基本信息和分析目的如下。

选用材料：ABS（牌号 UMG ABS GSM）。

外形尺寸：160mm×58mm×102mm。

主体壁厚：3mm 左右。

分析目的：优化模具方案和产品的成型性。

具体要求如下。

（1）模具浇口位置优化及浇注系统方案的确定。

（2）模具冷却系统方案的确定。

（3）产品在 X/Y/Z 向最大变形控制在 0.6mm 以内。

图 9-108　练习模型

# 第10章 》》》》》》》
# Moldflow分析中的常见问题及解决

通过本章学习，了解在CAD建模及Moldflow操作流程中可能出现的问题，并针对分析日志中出现的警告或错误信息进行分析，查出原因，熟练运用相关工具解决出现的问题。

| 主 要 项 目 | 知 识 要 点 |
| --- | --- |
| 常见问题及处理方法 | Moldflow分析中常见问题出现的阶段及处理对策 |
| 常见问题查询与处理 | Moldflow分析日志中出现的常见错误信息原因及具体解决思路 |

应用CAD和CAE（Moldflow）软件进行注射成型分析过程中，操作者必须按照分析流程及前处理各步骤的基本要求完成相关设置。在运行分析前，通常要确认以下几项的检查。

（1）网格质量是否符合要求。

（2）模型壁厚是否与产品实际相符。

（3）流道和冷却系统设置是否符合设计要求。

（4）材料是否和实际材料相符。

（5）对应分析序列的工艺设置是否符合相应要求。

这样才能保证分析的顺利进行。但在实际操作应用中不可避免地会出现一些问题，其中有的问题不会影响分析过程和结果，而有的问题会影响到分析进程和结果精度，也有的问题会直接中断分析。

一般情况下，Moldflow在模拟分析之前会对模型网格及相关设置进行自动检查，并在日志中显示可能存在的问题；另外，在分析过程中遇到的问题也会在日志中以警告或错误的形式显示出来，提供给操作人员进行判断和修正。因此，如何正确分析和处理模拟过程中出现的问题，对操作者来说也是非常必要的。

# 10.1 常见问题及处理方法

## 10.1.1 常见问题

在 Moldflow 分析处理过程中，操作者应随时关注分析日志，如果出现警告或错误信息提示，那说明存在一定的问题。这些问题可能出现在以下几个方面或阶段。

### 1. CAD 建模

CAD 模型是 CAE 模拟分析的基础，CAD 模型的质量直接影响到 CAE 中模型网格质量和后续分析的准确度。如果 CAD 模型过于复杂和细化（如小圆弧等），一方面大大增加 CAE 前处理的时间；另一方面也容易出现网格缺陷（比如纵横比和匹配率比较差），进而影响分析精度。因此，CAD 建模在许可（不太影响分析前提下）的条件下，尽可能简化一些尺寸太小的细节特征（或通过 CAD Doctor 进行修复和简化，详见第 3.1 节），有的凸台或柱体也可以在 Moldflow 中进行创建。

### 2. 网格处理

网格处理是前处理中的主要内容，网格质量的好坏直接影响程序能否正常执行和分析结果的精度。因此，根据模型的结构、形状和分析要求合理选择网格边长。经验参考：产品 100mm 以下，网格边长选 3mm；产品 100～200mm，网格边长选 4mm；产品 200mm 以上，网格边长选 5mm。网格出现的问题有：纵横比过大，匹配百分比过小，存在自由边、重叠边、多重边或零面积三角形，出现多个连通区域等。

### 3. 几何建模

在 Moldflow 中构建浇注系统、冷却系统或零件柱体等过程中，有可能会出现柱体和几何模型不连通、柱体交叉或柱体划分不符要求等。

### 4. 工艺设置

不同的分析序列有不同的工艺设置要求，应根据实际情况选择合适的工艺参数值，不然容易引起过程不收敛、分析结果的失真，甚至分析的中断等。

除以上所述几个方面或阶段问题外，还有可能会出现软件系统、硬件系统等方面的问题，可以根据信息提示具体分析，本章只列举前处理中可能出现的常见问题。

## 10.1.2 处理方法

日志中显示问题的处理根据实际情况主要有以下三种处理方法。

### 1. 不需处理

针对日志中显示的问题，如果不影响分析进程、对结果分析影响较小的，可以不处理。

**2. 建议处理**

针对日志中显示的问题，虽不影响分析进程，但会在一定程度上影响分析精度和分析结果的，根据需要进行恰当处理。

**3. 必须处理**

针对日志中显示的问题，如果会严重影响分析精度或中断整个分析进程的，则必须加于处理。

# 10.2　常见问题查询与处理

## 10.2.1　问题单元查询方法

针对分析日志中显示的一些问题节点、三角形单元或柱体，我们可以通过"几何-查询"命令进行查找。具体步骤如下。

Step1：如图 10-1 所示，在日志中的警告项目上单击鼠标右键，选择"按警告选择"-具体警告项。

Step2：选择"几何-查询"命令，弹出如图 10-2 所示"查询实体"对话框，Step1 选择的项目会在"实体"栏中自动显示[相应单元的 ID 号（字母+编号）]。其中，节点如 N518，三角形单元如 T213，柱体单元如 B123。

Step3：勾选"将结果置于诊断层中"复选框。

Step4：单击"显示"按钮。

Step5：在图层管理区中仅勾选"查询的实体"层使其可见，即可查看有问题的单元。

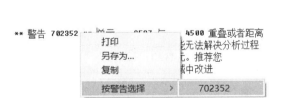

图 10-1　日志中的警告选择　　　　　图 10-2　"查询实体"对话框

## 10.2.2　常见问题原因及处理

下面按照大致类别列举分析日志中可能会出现的部分问题信息，并针对这些问题简要介绍其出现的原因及其处理。

## 1. 关于 CAD 模型或网格问题的信息

1）信息一

** 警告 98750 ** 无法从任何树脂注射位置
充填节点 266。 请检查模型几何并通过修复模型
确保已连接节点。

** 错误 99773 ** 从任何注射位置均无法到达单元 13。
检查网格连通性并重新运行分析。

**原因**：上述两个错误经常会一起出现，表明分析模型存在不连续现象，如图 10-3 所示两种 CAD 模型在划分好网格进行分析时，就会出现大量节点和单元不能填充到达的问题。不连续会导致分析中断，必须处理。

**处理**：在 CAD 建模过程中，尤其在构建凸台或筋等特征时，应避免出现如图 10-3 所示线接触或未连接的现象。在网格统计中也可检查出相应问题，如图 10-3（a）所示模型网格会在线接触部位出现大量相交单元，而如图 10-3（b）所示模型网格会出现两个连通区域。

(a) 线接触形式　　　　　　　　　　　　　(b) 未连接形式

图 10-3　缺陷模型

2）信息二

** 警告 98731 ** 单元 49790 的厚度超出预期
范围。请使用"建模">"查询实体"找到
该单元，检查单元属性，并根据
需要重新运行分析。

**原因**：塑件部分壁厚出现极端的情况（主要指过薄），会一定程度影响分析结果，建议处理。

**处理**：通过"几何-查询"命令找到该单元，检查其属性中的"厚度"，根据实际情况进行编辑。

3）信息三

** 警告 98742 ** 三角形单元 4619 的纵横比（ 50.0393）较大，
这可能会影响分析。 请尝试从"网格工具"运行"自动
修复"和"修改纵横比"命令
来解决该问题。

**原因**：网格中存在纵横比过大的三角形，会一定程度影响分析结果，建议处理。

**处理**：可以按日志中提示的方法修改，但建议通过查询，对过大纵横比的三角形进行人工修改。关于网格的要求和网格缺陷的处理方法具体参见第 4 章。

4）信息四

** 警告 98988 ** 双层面网格的网格匹配百分比（76.3%）和相互网格匹配

百分比（66.9%）低于

推荐的最小值 85%。 这可能会影响

结果的精确性。 若要识别零件的匹配很差的区域，

请使用 "网格 "菜单中的 "双层面网格匹配诊断 "。

若要改进网格匹配，请在

原始 CAD 模型中使用 "匹配节点 "网格工具

重新划分零件的网格，或删除精细的详细资料，例如圆角。

**原因：** 双层面网格的匹配百分比太低，会影响分析结果，建议处理。

**处理：** 可以按日志中提示的方法修改，或者适当减小网格划分中的 "全局边长" 值。

5）信息五

** 错误 701590 ** 请检查单元　　5182 的取向。

** 错误 701590 ** 请检查单元　　11966 的取向。

** 错误 701580 ** 两个相邻单元的取向不一致。

法线之间的角度 = 1.79752E+02 deg 度。

**原因：** 该两个相邻三角形单元取向不一致，会影响分析进程，必须处理。

**处理：** 找到有问题的单元，根据实际情况进行重新取向或采用其他方法进行修正。

## 2. 关于柱体问题的信息

1）信息一

** 错误 2000074 ** 型腔未连接到流道系统。

**原因：** 如日志中所述，在浇注系统创建时，没有和塑件模型上的相应节点连接，主要出现在手工创建过程中，会中断分析，必须处理。

**处理：** 在创建直线或柱体过程中捕捉模型上节点时，建议将 "过滤器" 项设置为 "节点" 选项。

2）信息二

** 警告 701360 ** 柱体单元　　8659 具有非常差的长径比

**原因：** 柱体单元主要包括浇注系统、冷却系统（浇口除外）、零件柱体等，柱体的长径比有一定要求，建议处理。

**处理：** 运用 "网格-重新划分网格" 命令对柱体网格进行重新调整，建议浇注系统长径比为 1.5～2，冷却管道长径比为 2.5～3。

3）信息三

** 警告 700530 ** 具有进水口节点　　12598 的回路中遇到问题。

连续方程式尚未收敛。收敛残余 = 3.12687E-01。

**原因：** 在创建冷却系统中（尤其手工创建），出现冷却管道相重叠或交叉的现象，必须处理。

**处理：** 合理安排好冷却管道的路径，避免出现重叠或交叉等现象。

4）信息四

** 错误 702340 ** 仅将节点　　　140 连接到一个隔水板单元。为了
使上截面和下截面都获得独特的
热传导系数，需要使用代表这两个
截面的单元对隔水板进行建模。

**原因**：在创建冷却系统中，出现隔水板设置问题，必须处理。

**处理**：按照第 7 章中隔水板的创建方法和步骤进行重新设置。

### 3. 关于工艺设置及其他方面问题的信息

1）信息一

** 错误 1100350 ** 未提供目标压力。

**原因**：主要出现在流道平衡分析中，目标压力是流道平衡分析进行迭代计算的目标压力值，即在该设定值条件下，进行流道平衡尺寸的计算，必须处理，不然会中断分析。

**处理**：在"工艺设置向导-流道平衡设置"对话框中输入"目标压力"值。

2）信息二

** 错误 99093 ** 对于具有阀浇口的模型，无法估计
自动注射时间，请指定一个注射时间。

**原因**：对于具有阀浇口的模型，在模拟分析时无法估计自动注射时间，必须指定一个注射时间，因此不能将"充填控制"项设置为"自动"选项，必须处理，不然会中断分析。

**处理**：在"工艺设置向导"中将"充填控制"项设置为"注射时间"选项，并输入一个时间值。

3）信息三

** 警告 98780 ** 未指定任何冷却管道。
正在读取冷却数据...

注释：在此方案的分析序列中，在"流动"
之前尚未运行"冷却"分析。　"流动"将使用
"工艺设置向导"中设置的恒定模具温度。
在"流动"分析之前进行冷却分析可以提供关于模具温度和热通
量的更多细节。

**原因**：如果模型中未创建冷却系统，则在如"填充"、"填充+保压"或"填充+保压+翘曲"等分析序列中，都会出现该警告，不影响分析进程，不需处理。

**处理**：如日志中所述，分析中系统将会使用"工艺设置向导"中设置的恒定模具温度。

# 参 考 文 献

[1] 江昌勇, 沈洪雷. 塑料成型模具设计[M]. 北京：北京大学出版社, 2017.

[2] 吴梦陵. Moldflow 模具分析实用教程[M]. 北京：电子工业出版社, 2018.

[3] 黄成, 黄建峰. 中文版 Moldflow 2018 模流分析从入门到精通[M]. 北京：机械工业出版社, 2017.

[4] 陈艳霞. 2015 Moldflow 模流分析从入门到精通[M]. 北京：电子工业出版社, 2015.

[5] 单岩, 王蓓, 王刚. Moldflow 模具分析技术基础[M]. 北京：清华大学出版社, 2004.

[6] 单岩, 王蓓, 王刚. Moldflow 模具分析应用实例[M]. 北京：清华大学出版社, 2005.